触摸幸福的 16堂课

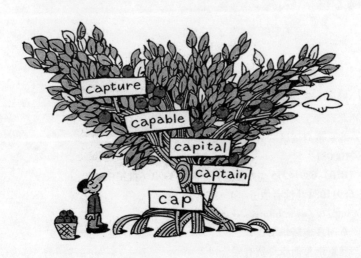

辛 月◎著

北京理工大学出版社
BEIJING INSTITUTE OF TECHNOLOGY PRESS

图书在版编目（CIP）数据

触摸幸福的 16 堂课/辛月著. —北京：北京理工大学
出版社，2009.8
　ISBN 978 - 7 - 5640 - 2609 - 7

Ⅰ. 触…　Ⅱ. 辛…　Ⅲ. 幸福 - 通俗读物
Ⅳ. B82 - 49

中国版本图书馆 CIP 数据核字（2009）第 141416 号

出版发行／北京理工大学出版社
社　　址／北京市海淀区中关村南大街 5 号
邮　　编／100081
电　　话／(010) 68914775（办公室）　68944990（批销中心）
　　　　　 68911084（读者服务部）
网　　址／http：//www.bitpress.com.cn
经　　销／全国各地新华书店
排　　版／北京京鲁创业科贸有限公司
印　　刷／三河市华晨印务有限公司
开　　本／710 毫米×1000 毫米　1/16
印　　张／18.75
字　　数／286 千字
版　　次／2009 年 8 月第 1 版　2009 年 8 月第 1 次印刷　　　责任校对／陈玉梅
定　　价／35.00 元　　　　　　　　　　　　　　　　　　　　责任印制／母长新

图书出现印装质量问题，本社负责调换

前 言

　　在这个纷繁复杂的大千世界中，每个人来到世间都是为了追求人生的幸福。那么，幸福是什么呢？幸福到底在哪里呢？这成了无数人都渴望得到答案的人生考题。于是乎，带着这个问题人们开始到处寻觅着幸福的踪影。

　　其实，不同的人对幸福有着不同的理解。幸福就是那一杯温暖的白开水，幸福就是那一束朴素的油菜花，幸福就是那一声声轻轻的问候，幸福就是那微微地一笑，幸福就是夕阳之下手拉着手的恩爱，幸福就是用笑声迎接残酷的命运，幸福就是……

　　记得有一个故事讲的是：幼小的我总以为幸福就在遥远的地方，幼小的我总是想着到山那边去寻找自己梦幻的生活。在姐姐出嫁的时候，无限的风光让村里人非常地羡慕，大家都说姐姐好有福气，于是自己也便认为姐姐过得很幸福。可是，让我不解的是姐姐在没有人的时候总是抹着眼泪哭泣。"姐姐不是很幸福吗？为什么还哭啊？"一个疑问就这样涌上了心头。然而，年幼的我又怎么能真正地理解到世情的复杂呢！年幼的我又怎么知道有时候幸福并不是人们想象的样子。

　　记得鲁迅先生曾经有一篇文章大意是这样的：从前有一个诗人来到了一个古老的村庄，他爱上了一个美丽的姑娘。可是，他还是离开了那个地方，临走的时候诗人告诉姑娘自己要到一个温暖的地方去。于是，他又开始过起了流浪的生活。等到有一天，他尝尽了人世的辛酸，身心倍感疲倦的时候，突然想起了那个曾经爱过的女子，这时，他才恍然大悟原来温暖就在自己的身边。他满怀着希望又回到了这个村庄，然而，带给他的却是物是人非的伤感，姑娘早已为人妻子为人母亲了。

　　人类总是追寻一些自己想象的东西，却忽略了眼前的幸福。人类总是不懂得珍惜自己所拥有的，等到失去的时候才后悔。曾经清楚地记得，在那段痛苦的岁月里，在倍感人情冷暖、世态炎凉的落魄时刻，我无数回地想起鲁迅先生的这个故事，我不禁更加佩服大师对人性的深刻洞察，更刻骨铭心地感悟到了：人类对温暖总是有着无比的向往之情，特别是在阴暗的环境里，一丝光亮是足以照亮整个黑夜的。难过了，亦感动了。肤浅如我者，终于懂得了紧紧地抓住我手中的幸福，终于知道了在自己未尝失去的时候就真诚地呵护所拥有的爱，真心地触摸生命中那一丝温暖人心的力量，真真切切地感受一下生命的美好。

　　朋友，你懂得幸福吗？你真正地理解了幸福的含义吗？我是一个身处茫茫人海之中的寻梦者，我是一个渴望能用自己微薄的力量来温暖世界的人，我是一个希望能够为无数人圆梦的人。也许自己真的渺小卑微如路边的小草，也许自己苍白的语言难以表达内心真实的情感，也许人心的复杂难以求得一二知音，但是面对幸福，人人都是平等的，人人都有触摸幸福的权利。

　　面对幸福，人类的心灵是彼此相通的，我怀着幸福的心态希望能将最美好的祝愿送给所有追寻温暖的生命，送给行色匆匆的工作者们，更送给无数在生命线上挣扎着的人们。但愿，他们能够触摸到世界的阳光，但愿他们能够感受到人情的温暖。在这本小书的编著过程中，要特别感谢宇琦工作室和何亚歌小姐，他们为这本书的成书付出了心血与劳动，祝愿他们如这本书所言，在人生的幸福课中一路修满学分。

　　当你真诚地想触摸到幸福的双手时，我会感谢你的；当你在这本充满人性气息的小书里感悟到了一点点幸福时，我会非常感动的；当你真正地走入到幸福的峡谷之中时，我会觉得欣慰的。

　　这便是我送给你的礼物！世界，人类，还有所有生存着的精灵！

作者　辛月
2009 年 7 月

目 录

1

没人能承受得起全世界的幸福

　　在物欲横流的现代大都市里，很多人迷失了真正的自我，骤觉身边的一切全然陌生。于是，人们开始寻寻觅觅。真正的幸福到底是什么？它又究竟在哪里呢？人们通常在金钱的数额、荣誉的光环和人际间的交往中寻找所谓的幸福，却不明白幸福其实并不是得到什么，而是心灵在感受到自我价值实现时所处的状态。其实，幸福一直就在我们的身边。我们费尽心机、渴望拥有的东西往往是被我们自己亲手丢掉的。

 # 找到属于自己的那份幸福便足够

　　曾有人说，人来到世间就是为了寻找幸福。在这个纷繁复杂的社会上，幸福或不幸福的人，都在匆忙之中寻找着属于自己的那份幸福。

　　在一个公交车的站牌下，一个盲人每天坐在那儿拉着一把很破旧的二胡，脚配合着二胡的音乐有节奏地踩响一个有着简易支架的锣钹，在料峭的寒风中忘情地拉着一段又一段欢快的曲子。他那失去光泽的脸上始终挂着沉醉的笑容，他的脸因为那灿若春日的笑而变的生动起来。每当他面前的破碗里响起一声咣当的硬币的跌落声，他总是谦卑而感激地冲着眼前的黑暗点头颔首，以表谢意。当你看到这一幕时，你是不是会不禁想道：此时的他一定很幸福吧！

　　对于一个残缺的生命来说，幸福来的竟是如此简单。这不得不让我们感叹命运的神奇，它总是公平地对待每一个人，当一个人躯体上有了缺陷，那么，他一定拥有着不屈的灵魂。盲人没有一双明亮的眼睛，但他却拥有一颗智慧的心灵，当他的心中充满了感激时，幸福便已在自己的身边。

　　盲人尚且能够领悟到幸福的真谛，可是健全的人却往往会犯一些愚蠢的错误。他们很多人就像那个在海边寻找点金石的疯子，执著地捡起一块块石头，碰碰腰间的链子，然后不看看变化与否，就把它扔掉。就这样，一个个自以为是的人，找到幸福后又轻易地丢掉，直到有一天，惊讶地发现自己腰间的铁链子不知何时已变成了金的，才明白，幸福原来曾经来过。

　　记得有这样一个故事：

　　毕业十周年的聚会上，林的同窗好友嫣光彩照人，艳若桃花，人人美

慕不已。毕业后，嫣找了一份收入可观的工作，拥有一个温情浪漫的老公、一个活泼可爱的女儿，还有两人共同努力建造的爱巢。尤为让女同学们羡慕的是，十年后的今天，嫣依然年轻靓丽，浑身洋溢着成熟女人的迷人风采。

聚会结束后林与嫣同乘一车回家，一路上，嫣沉默不语，满脸忧伤的样子。

林很奇怪，问："怎么了，嫣？"

"唉，我真不幸。"嫣感叹道。

"为什么？大家都在羡慕你！"林不解。

"经过十年的努力，我竟然事事都不如别人。A 同学现在腰缠万贯，浑身珠光宝气；B 同学家的房子有二百多平方米；C 同学的老公已经是处级干部了……"嫣如数家珍。

林笑了，说："你换个角度看好不好？你看，A 的老公多粗暴啊，上个月他们还干了一仗；B 家的孩子生下来就是个白痴……"

下车时，嫣终于露出了灿烂的笑容，无限感慨地说："原来我一直都很幸福。"

故事中的嫣是很幸福的，然而她却忽视了幸福的存在，所幸的是，她终于醒悟了过来。其实，幸福一直就在我们的身边，只是愚昧的人们一面拿着幸福一面却又贪婪地去寻找幸福，直到最后幸福便被我们无限夸大的不幸所掩盖。有时候，我们费尽心机、渴望拥有的东西往往是被我们自己亲手丢掉的。

从前有两只老虎，一只在笼子里，一只在山林里。在笼子里的老虎三餐无忧，在外面的老虎自由自在。两只老虎都看着对方好，觉得自己不如对方，都对自己的现状不满足。笼子里的老虎总是羡慕外面老虎的自由，外面的老虎却羡慕笼子里的老虎安逸。一日，一只老虎对另一只老虎说："咱们换一换。"另一只老虎同意了。于是，笼子里的老虎走进了大自然，山林里的老虎走进了笼子里。从笼子里走出来的老虎高高兴兴，在旷野里拼命地奔跑；走进笼子里的老虎也十分快乐，因为它再也不用为食物而发愁。但不久，两只老虎都死了。一只饥饿而死，一只忧郁而死。

从笼子中走出来的老虎虽然获得了自由，却没有获得捕食的本领；走进笼子里的老虎虽然获得了安逸，却没有获得在狭小空间生活的心境，没有了原来大自然的空旷的田野，也就失去了原来为生活奔波的激情，由于不用捕食，健康状况也日渐衰退。它们都是想得到比原来更多的快乐与幸福，然而，适得其反的是，不但失去了原来的快乐，接踵而来的是更大的痛苦与不幸。其实，它们不曾想到的是：别人的幸福未必适合自己，别人的幸福甚至可能是自己的坟墓。

从前，有一位画家，他不但年轻英俊，而且生活富裕，还有位貌美而温柔的妻子，但他却认为自己过得很不幸福。

一天，他碰到了一位天使，于是他对天使诉苦："我什么都有，只欠幸福，你能够给我吗?"

天使想了想，说："我明白了。"

于是，天使拿走了画家的才华，毁了他英俊的容貌，夺去了他的财产和妻子。

一个月后，天使再回到画家的身边，这时的画家已饿得半死，他正躺在地上挣扎。于是，天使又把他失去的一切还给了他，然后离去了。

又过了半个月，天使再去看那位画家。这次，他搂着妻子，不住地向天使道谢。因为，他终于得到幸福了。

故事中的诗人在失而复得后才知道曾经拥有的便是幸福。其实，在失去之后才明白拥有的珍贵，这是人类的普遍心理。然而，在现实生活中，一旦失去就很难回到从前了。错过一时，也就可能错过一生了。

很多时候，我们往往对自己的幸福熟视无睹，总是感觉自己不幸福、不快乐，找不到能使自己快乐开心的闪光点，不会寻找原本属于自己的那份幸福；而总是觉得别人的幸福很耀眼，只能看到自己某方面不如别人，却看不到自己突出的一面，给自己心灵的天空涂上了一层阴影，失去了本来拥有的快乐与开心。

迈开你的脚步，去追求属于自己的新生活，创造自己幸福的明天吧！为你的人生添上绚丽的色彩，使自己成为一道独特的风景线。

# 幸福就是"猫吃鱼，狗吃肉，奥特曼打小怪兽"

简单的幸福无处不在，没乐学会找乐，没事偷着乐。不是幸福太少，而是人类缺乏感知幸福的心灵。

在物欲横流的现代大都市里，很多人迷失了真正的自我，骤然觉身边的一切全然陌生；但，生活必须继续，不自觉地忘记了通往幸福的那条道路。于是，寻寻觅觅，觅觅寻寻，幸福在哪里呢？幸福到底是什么东西呢？幸福，其实和爱情一样，从来没有一个正确的定义诠释。人是有贪欲的，或多或少；不同的时期，期待的幸福会有所不同。而生活却是千变万化、多姿多彩，意外总比计划快，所以总觉难以到达幸福的期望值。于是，不少人发出疑问：我的幸福在哪里？

曾看过这样一句话，原话是怎样的已忘记了，只记得大意：**幸福源于比较**。非常赞同这句话。

相对于失业的人，你是幸福的。你拥有了一份工作，虽然薪水不高，还要看上司脸色。但是，却能暂时解决温饱问题，不用彷徨无助、终日流连于招聘市场。

相对于在大海中丧生的人，你是幸福的。你能幸福地生活在这五彩斑斓的世界，呼吸着世界上的空气；当人们被海浪吞噬而四处逃生、拼命挽救自己的生命时，你正幸福地生活在没有灾难的城市里，做着自己喜欢的事情，不用惊慌失措。

相对于孤独老人，你是幸福的。你正和家人们幸福的围在一起，或打打闹闹，或叙叙家常，或单独的坐在自己的房里，看着家人们的忙碌。

相对于关在学堂里的学生，奥特曼打小怪兽就是一种幸福。奥特曼可以随心所欲地做自己喜欢做的事情，可以自由自在地生活。

相对于失恋的人，你是幸福的。你的身边拥有了恋人，享受着爱情的滋润；抑或是，你正孤身一人享受着属于单身者的幸福和自由，没有束缚，不用感受爱情的痛苦。

相对于离婚的家庭，你是幸福的。虽然身边的那位寡言少语，不懂浪漫，甚至情人节也没有送花或准备什么礼物。但，他/她正围在你的身边，会在你痛苦的时候送上温暖的怀抱，或在你快乐的时候陪你一起大笑。

相对于疾病中的人群，你是幸福的。因为你是健康的，不用感受疾病的痛楚和困扰，不用为治疗疾病所花费的巨大经济费用而忧心忡忡。

相对于绝症中的人，或许你也正在生病，但你依然是幸福的。因为你的病不是绝症，只要耐心服从医生的治疗方案、按时吃药，经过时间的洗礼，完全有康复的可能性。

相对于已经死去的亡魂，你是幸福的。你正生活在这世界上，呼吸着空气，用耳朵聆听一切，用眼睛感受周遭的一切。

相对于处于饥饿边缘的人，猫吃鱼，狗吃肉就是一种幸福。猫、狗可以吃到自己喜欢的东西，然后再用自己独特的方式来表达对主人的感激之情。

………

不同的人，在不同时期会追求不一样的幸福，对幸福的定义自有不同诠释。你眼里的种种不幸或许会是他人心里的奢望、期盼。

过去已经成为了过去，将来还是个遥远的梦，把握了现在也就等于抓紧了幸福的双手。**请不要到处去追寻属于自己的幸福，更没有必要问幸福到底是什么。其实，幸福就在你的身边，其实，幸福就是猫吃鱼，狗吃肉，奥特曼打怪兽。**

请珍惜你所拥有的幸福吧！

# 倒空心灵的"欲望桶"

　　曾听人说过这样一句话："贪婪的鱼因为不满足于一河的水，才落得吞饵身亡。"很多时候，我们的不快乐不是因为灾难与痛苦，而是因为内心的欲望在不断地膨胀。我们的心灵就犹如一个"欲望桶"，里面装满了名利、权力、尊严、美貌、爱情等。人，总是载着这些东西缓慢地行走在人生大道之上。

　　有个年轻人想在各个方面强过别人，尤其想成为一名大学问家。然而，很多年过去了，他的各方面都不错，可学业却没有多少长进。他便去向一位大师求教。大师说："我们登山吧，到山顶你就知道该如何做了。"当见到他喜欢的石头，大师就让他装到袋子里背着，很快，他就吃不消了。"大师，再背，别说到山顶了，恐怕我连动一动的力气都没了。"大师微微一笑："该放下啦，背着石头怎可以登上顶峰呢?"年轻人一愣，忽觉心中一亮，向大师道谢后走了。后来，他一心做学问，进步飞快……

　　聪明的年轻人终于明白过来了，在追求成功的道路上只有放下不必要的欲望，轻装上阵才会有大的成就。于是，他放下了袋中的石头，也换得了梦想的实现。**其实，人要有所得，必然会有所失，只有学会放弃，才有可能登上人生的巅峰**!

　　人来到世间，总是自觉或者不自觉地背负着许多责任和欲望，这些东西背在身上，要是拿掉了，人生就会变得轻飘、无意义。可老背着它们，一样也舍弃不了，最终有可能累死在路上。舍，方能得! 只有倒空心灵的"欲望桶"，才会少了无数的痛苦，只有真正理解了取舍的艺术和智慧，心灵才会豁然开朗，生命才会为你呈现一个截然不同的灿烂景致!

　　其实，生活原本是非常淳朴而简单的。人生所需要的并不是很多。这并不是鄙视物质的存在，而是不应让这些东西堆在身上把人压垮。学会舍弃一些对人生益处不大的、不特别需要的东西，保持一颗简单而明朗的心，你就会觉得其实在奔跑中也可以走得很沉稳。

曾看过这样一个故事：

在印度热带丛林里，人们用一种非常奇怪的方法来捕捉猴子：在一个固定的小木盒里，装上猴子爱吃的坚果，盒子上开一个小口，刚好够猴子的前爪伸进去，猴子一旦抓住坚果，爪子就抽不出来了。人们使用这种方法是很容易捉到猴子的，因为猴子有一种习惯——不肯放下已经到手的东西。人们总会嘲笑猴子的愚蠢：为什么不松开爪子放下坚果逃命？

但是，回过头来审视一下自己，也许你就会发现，并不是只有猴子才会犯这样的错误。在现实的生活中，我们又何尝不是如此呢？总是舍不得放弃。直到有一天超载的欲望给自己带来无边灾难时，才意识到自己本身就犯了一个过错。到手的职务待遇舍不得放下，结果却荒废了该干的事业；大把的钱财舍不得放下，结果却损害了身体健康。然而，一切似乎已经悔之晚矣！

有一对夫妻开了一间餐馆，生意做得红红火火，两口子忙得昏天黑地。他们整日里都喊累，从早到晚都一脸倦容。邻居曾劝他们早上迟点开门，多抽出点时间来休息。但他们却说："不行啊，那正是来钱的时候。"终于有一天，男人累得住进了医院，妻子也只得关了店门，去医院照顾丈夫。

故事中，夫妻俩过分的操劳终于导致了不幸的结局。他们满心欢喜地赚着钱，这本无可厚非，然而，当他们的欲望威胁到了自身的健康时，就应该懂得适时地放下。

美国著名的管理顾问杜拉克先生在他的《社长论》中如此论述："产品慢慢上了年纪，销售额的增长渐渐变得困难了。反过来，效益也日益低下。于是这个产品成了造成企业业绩恶化的罪魁祸首。是否放弃这个产品，对企业业绩的好坏影响极大。但是通常很难做出放弃它的决定，因为它曾经是我们公司的龙头产品。这个道理很简单，虽然过于平凡，但却难以割舍。'割爱'之难，在现实生活中是难以想象的。但是我们必须明白，舍弃本身才是革新的第一步。"由此可见，不会放弃就等于背上许多沉重的负担。

　　在我们的生活中，很多人放不下手中的名利、职务、待遇，他们整天东奔西走，荒废了工作也不在所不惜；很多人放不下诱人的钱财，成天费尽心机，利用种种机会想捞一把，结果却是作茧自缚；很多人放不下对权利的占有欲，不怕丢掉人格和尊严，一旦事件败露，后悔莫及……在我们的工作中，每天都面对纷繁复杂的事情，你也许曾犯愁，不知该从哪件事开始，觉得每件事都重要，每件事都想一口气做完，这件做了一点点，又去做那件，一天一件事也没做完。但是，如果你理清头绪、择优选重，一件件去做时，你就会发现自己不仅没有浪费时间，工作质量、速度都得到了提高。

　　人赤条条地来到世间，最后又两手空空地离开。在这漫长的岁月里，我们的心灵背负了太多的欲望。然而，贪婪让人们只会不断地获取，却不懂得及时地倒空心灵的"欲望桶"。**生命之舟载不动太多的物欲与虚荣，要想使它能够安全地抵达彼岸，那么就得设法放弃一些东西。只有学会放下，才会赢来一个新的转机。**

用美好的期盼加大幸福的内存

　　每个人都在追求幸福，然而得到它的人却并不多。人们通常在金钱的数额、荣誉的光环和人际间的交往中寻找所谓的幸福，却不明白幸福并不是得到什么，而是心灵在感受到自我价值实现时所处的状态。当你把幸福当成一种美好的期盼，并且不断地加大幸福的内存，那么，你的生活将会处处都充满了欢歌笑语。而有些人之所以不幸，是因为他们内心的恐惧、焦虑、紧张，是因为他们不能支配自己的思想，是因为他们不懂得为自己培养一份愉悦之心。

　　记得有个名人曾经说过："困苦者的日子都是愁苦心中欢畅者，则常享丰实。"这句话有着深刻的含义：**面对幸运与不幸，人们心中习惯性的想法往往占有决定性的地位。**

　　星期一早晨，212路巴士行驶在寒冷的街道上。芝加哥的冬季，乘客都缩在厚厚的冬衣里，没有人对车窗外的街景感兴趣，单调的汽车马达声使车厢里显得非常沉闷。没有人说话，这似乎已经是一条规矩。

　　当车驶到密歇根大街时，车厢里突然有人大叫了一声："听着，大家都听着。"只听见报纸哗啦啦地响成一片，人们都吃惊地抬起了头。"我是司机，是我在对你们说话。"车厢里鸦雀无声，人们发现司机是个年轻的黑人，说话时却带着一种毋庸置疑的语气。

　　"把你们手中的报纸都收起来，统统放下！"他命令道，"来，放在自己的膝盖上。"

　　"现在，把脸转向你边上的人，大家一起转！"没有人吭声，所有的乘客都傻乎乎地按照他说的去做。

　　司机这时又严肃地说道："现在大家跟着我说，我很幸福！"

大家像教室里的小学生一般，都跟着他向身边的陌生人说出了这句话，颇为胆怯和羞涩。不过，这却让大家都露出了会心的微笑。人们都松了一口气，这普普通通的一句话，一下子让人们轻松愉快起来，车厢里的欢笑声此起彼伏——这是乘客在其他巴士上从来没有听到过的笑声，从来没有感受到的幸福。

在212路巴士上，司机每次都让乘客说自己很幸福。有一次，一位乘客问他为什么这样做。他说："这样做我很快乐，我认为幸福是一种积极的心态，如果我们每天都能以一种积极的心态去面对生活，谁会觉得自己过得不快乐、不幸福呢？我希望我的乘客都能过得幸福。"

这是一个非常聪明的司机，他不仅给我们带来了奇迹，更让我们明白了一个道理：**当我们以一种积极的心态去面对生活时，幸福自然就会降临到我们的身边。**

每天都抽出点时间来，想象一下幸福的样子，让自己的生活拥有目标，拥有一个个巅峰；要保持内心的宁静，要相信自己，没有什么是你不能做的，没有什么人是你不能成为的。多一份自信就多一份快乐，当你这样做的时候，你便拥有了幸福。

如果你从一天的开始就对生活心存美好的期盼，并且暗暗下决心：今天我要过得很快乐。这种想法将会对你产生积极的作用，它能够帮助你从容地应对任何事、任何人，甚至能够帮助你克服种种困难与不幸。然而，如果你一再地对自己说："事情不会进行得很顺利！""我实在不行！"之类的话，那么你便是在给自己制造不幸。

有了对幸福生活的美好期盼，我们还需要多一些勇气，可以在艰苦的岁月里努力地支撑着。有了对幸福生活的美好期盼，艰苦的日子也会过得开心而快乐。有了对幸福生活的美好期盼，不管明天是晴空万里还是狂风暴雨，我们都能够执著地行走在通往幸福的大道上。有了对幸福生活的美好期盼，我们就能够抛开世俗偏见去接受新的变化，去珍惜原来就属于自己的幸福。

# 放下固执，学会变通

　　坚持确实有可能给我们带来事业的成功，然而无谓的固执往往只会导致人生的遗憾。如果你在经过努力却不能达到理想的彼岸时，不妨停下手头的工作，重新审视一下自己，适时地变换一下自己的思想，也许你就会在不经意间拥有"柳暗花明又一村"的惊喜。

　　很久以前，下了一场大雨，洪水开始淹没村庄。有一个神父在教堂里祈祷，眼看洪水就要淹到他跪着的膝盖了，这时，一个救生员驾着舢板来到教堂，要求神父赶快上来。

　　可是，神父却说："不！我要守着我的教堂，我深信上帝会救我的。有上帝与我同在！"

　　过了不久，又一个警察开着快艇过来，跟神父说："神父，快上来！不然你真的会被洪水淹死的！"神父说："不！我要守着我的教堂，我相信上帝一定会来救我。你还是先去救别人好了！"

　　又过了一会儿，洪水把教堂整个淹没了，神父只好紧紧抓着教堂顶端的十字架。

　　一架直升机缓缓飞过来，丢下绳梯之后，飞行员大叫："神父，快！快上来！这是最后的机会了，我们不想看到洪水把你淹死！"

　　神父还是固执地不肯上来，最后他终于还是没有逃脱死亡的命运。

　　故事中的神父正是由于硬是要守着教堂才落得如此下场，其实他完全可以保住自己的性命，是自己一味地固执导致了悲剧的发生。人总是喜欢给自己加上负荷，不肯轻易放下，而且还美其名曰："执著"。执著于名与利，执著于一份痛苦的爱，执著于幻美的梦，执著于空想的追求，致使理想与追求反而成为一种负担。

法国作家安德鲁·摩洛曾经说过一句话："不去遗忘，就不会有幸福。"

曾经有一个女人，她漂亮而富有，但不幸的是结婚以后丈夫就一去不复返了，据说是有了别的女人。这个女人痛苦万分，但是一直过去了几十年，直到她去世，她还保存着新婚房间的布置，还念念不忘这段痛苦的婚姻。在临死的时候，她还在想着那个弃她而去的男人。

也许很多人都会佩服她的痴情和坚贞，都会谴责那个男人的负心薄情。然而，反过来想想，其实她完全可以摆脱痛苦，重新寻找属于自己的幸福，更何况为了一个如此自私的男人是多么的不值。她的痛苦从表面来看，是那个负心的男人带来的，但是，从本质来看，却是自己给自己找来的。

有两个小伙子出外打工，一年的劳累之后并没有什么收获，沮丧的他们在无奈之下只好回家。

在回家的路上，他们意外地发现了几包棉花，两个人喜出望外，于是每个人背了一包，继续往回赶路。

好运来临，即使大山也挡不住。两个人走了几天以后，在一个偏僻的路上发现了一个大布包，打开一看，里面装的竟然是丝绸，捆得扎扎实实，好大一包啊！一个小伙子提议扔了棉花，把丝绸带回家去，毕竟丝绸比棉花值钱多了。但是他的同伴不同意，反倒认为，自己背着棉花走了这么远的路，如果就这样放弃，前面这几天不是白干了吗？

那个小伙子没有办法，就扔下棉花，尽可能让自己多背一些丝绸，和那个固执的同伴一起往回走。

走到一个小镇上，有两条道路可以回去，一条是大道，比较遥远但是很好走，另外一条是羊肠小道，虽然不好走，不过能够少走一半多的路程。两个人经过商量，决定走小道。

小路确实不好走，何况他们还背着很多东西，路经一座矿山的时候，他们去了一个废弃的矿井里休息。结果就在即将离开的时候，意外发现了一堆金灿灿的物质。他们从来没有见过这种东西，看起来像是黄金。背着丝绸的年轻人心想如果背着黄金回去，那后半辈子就不用为生活发愁了，于是他把丝绸扔掉，并劝告那位还背着棉花的年轻人扔下棉花，换上黄金。背棉花的年轻人踌躇不决，他不放心，觉得这未必就是黄金，最后他还是决定背棉花回去。

于是两个人一个背着黄金，一个背着棉花回家了。结果是，背棉花的年轻人为自己当初固执的决定，后悔得差点撞破头，而背黄金的年轻人成为了当地的富豪。

为什么会有这样的结果呢？很明显，背棉花的年轻人为自己的固执付出了代价，他不懂得适时地变通，他更放不下心中的贪婪，总认为如果放弃就等于白干了。而那个灵活的小伙子能够顺应情况的变化而改变自己的行为，他痛快地扔下了棉花，背回来的却是黄金。

有一个年轻人为了糊口，去了一个理发店学理发。没干多久，他就觉得理发没有出息，后来又去当兵，几年后复员回家，还是找不到像样的工作，只好又回到理发店理发。他觉得命运对他的安排就是理发，既然这样，就把理发这件事做好，于是，他调整了自己的心态，并立志要成为最优秀的理发师。几年之后，他真的成功了，并拥有了自己的美容院。

这个故事告诉我们：**如果永远都抱着一成不变的错误想法来看待自己的工作和前途，不懂得根据环境的变化而变化时，那么，人生注定只会失败。**

也许你昨天拥有无限的辉煌，但今天却黯淡无光，那么请忘记昨天，再为自己创造一个可以辉煌的明天吧！也许你怀抱希望向着梦想前行，却处处遇到阻碍，那么，试着变换个角度，也许成功就在眼前了。有时候，人生是不需要太过执著的，适时地放下才会为自己赢来一个美好的未来。

2

幸福？还是痛苦？在于你的选择

　　很多时候，我们往往对自己的幸福熟视无睹，总是感觉自己不幸福、不快乐，找不到能使自己快乐、开心的闪光点，不会寻找原本属于自己的那份幸福；而总是觉得别人的幸福很耀眼，只看到自己在某方面不如别人，却看不到自己突出的一面，给自己心灵的天空涂上了一层阴影，失去了本来拥有的快乐与开心。

 # 你的幸福你做主

"在这个纷繁复杂的世界上，你是唯一可以让自己幸福的人。"记得很多人说过类似的话。然而有些时候我们却无法理解其中的真谛。

在现实生活中，周围的人有意无意地影响着自己的心情。一大早孩子就耍脾气；狗狗昨晚把屋里搞得一团糟；上班的时候遇上堵车；终于到了办公室，与你共事的同事却打电话请病假。这些事情都很可能搞得你一整天都没有好心情。

但是，幸福不同于心情和稍纵即逝的情绪。幸福是回顾生活时开心的笑脸，因为知道会有这样的时刻：孩子们不愿按时睡觉，可是过会儿再去察看时，他们已经天使一般睡得很甜。此刻，之前的愤怒早已跑到九霄云外去了，这就是幸福。

生命不息，变化不止。渐渐地，我们认清自己，了解自己，明白我们肩上的重担。我们知道一时的感激或愤怒只能短时间内抚平或激化我们的情绪。对自己的整体认识才是我们心境的决定因素。**而幸福正取决于我们的心境。**

那么，到底如何做才能控制好自己的情绪并找到通往幸福的道路呢？这个问题极为重要。与此相关的书籍数不胜数。你读书，按照书中的指示练习，最终却越来越迷惑。你用余生回味自己的生活，找出带给你幸福的元素，然而花费了更多的时间和精力，你却愈感挫败。

也许我们可以这样试试，审视自我，找出自己的喜好，并据此而努力改变自己。大刀阔斧地变革没有必要。比如，你不喜欢现在的房子却无力支付一个新房子，不妨重新粉刷卧室，或在餐桌上放瓶鲜花。再比如你很久没有度假，对于豪华旅游又囊中羞涩，那么就去野营吧。

问题可能更私密或独特。易怒？学习瑜伽或静坐。婚姻不和谐？咨询

顾问。孩子不听话？找出他们主要的问题，制定赏罚措施并严格执行。

你可能马上会说，"说得容易……"当然，任何事情都是说起来容易做起来难。但是在很大程度上，我们认为事情有多难，它就会像我们认为的那样。有时候，我们往往自以为是地夸大了问题的难度。

倘若你的不幸源于你无法掌控的形势，那就寻找其他方法。倘若你手头现在非常拮据，近期又不太可能有飞来横财的话，那就选择经济实惠一点的娱乐方式，比如在后院打球，公园里野餐，躺在卧室里边看电影边吃爆米花和零食，偶尔晚上出去高消费一下。如果你的问题非常严重以至于感到浑身乏力、无计可施，那可真得寻找他人帮助呢！

要不然，举起镜子照一照吧！如果你对镜中的自己并不感到满意的话，请尝试着改变自己一下。这个时候，你就会发现：幸福已经悄悄地来到了你的身边。

其实，你的幸福，完全掌控在自己手中！心平气和地去解决矛盾，以一颗平常心去面对生活，感受生命，你便是自己幸福的主人，幸福随时都会围绕在你身边！

# 总有一些改变可以扭转命运

曾经听说过这么一个故事：有一位老人回忆他年轻的时候，他的梦想是改变世界，当他发现这个世界是不可改变的时候，他就想改变自己的国家；后来他意识到自己的国家也是他无法改变的，他只好改变他的家庭、他亲近的人，结果这样的愿望也没有实现。他为此非常沮丧，闷闷不乐，最后抑郁而终……

当我把这个故事讲给心理学家听的时候，心理学家说了一句话："他可以只改变他自己呀！"是啊，他只要改变自己一下，那么他就会觉得家里人发生了变化，国家也变了，世界也和以前有所不同了，自己也会感到快乐与满足了。也许，我们不能操控外部世界，但是我们却可以改变自己对世界的认知。这样的改变，往往会给我们的生活带来翻天覆地的变化。

一位男士面对他心爱女人的求婚表白时，他沉默了。他爱这位女朋友，可是他对他们之间的感情没有把握。因为在这以前他已经历过两次失恋，每次都是女朋友弃他而去，他变得越来越不相信爱情了，对婚姻更不自信。当他向心理学家求助时，人家是这样帮助他重新梳理的：第一次失恋刺激他的自尊心，他上进心强了，后来有了不错的事业；第二次失恋使他学会了辨别爱情的真假。两次失恋，从表面上来看，他失去了很多东西，其实他的收获也不少，因为他成长了，成为一名心智成熟的男人。他不是不自信，他只是想更扎实的把握他们之间的爱情，理性地面对婚姻，这样他们的爱情会更长久，婚姻会更幸福。最后，这位男士终于明白了，他的心结被打开了，开始充满信心地享受第三次爱情。整个过程中，一切都没有改变，只是看待事物的角度发生了变化，认知改变了，却得到了完全不同的结果。

很多人在找不到理想的工作时，常常怨天尤人、愤愤不平，却很少从自己身上找原因。其实，如果换个角度来看问题时，换个思路来想问题时，也许结果就会大相径庭。

某单位招聘一位信息员。枫是本科大学中文系毕业的高才生。一路过关斩将，最后只剩老总面试点头了。按理枫是十拿九稳会被录用的。但未料到，那位老总和枫交谈了几句，看了看她的简历，说："对不起，我们不能录用你。试想想，连自己的简历都保管不好的人，我们怎能放心把单位的工作交给你。"原来是枫那留有水渍，并显得皱巴巴的简历引起了老总的反感。

原来，早上出门时，走得急，一不小心碰翻了茶杯，沾湿了简历，再重出一份已赶不及了。谁知问题就出在这里。这能怪谁呢？回家后，枫非常认真地用钢笔抄写了一份简历，并给那个单位的老总写了一封信，其中写道："贵公司是我心仪已久的单位。您对我的近乎苛刻的要求，正反映了贵公司在管理上的认真与严谨，精益求精，这也是贵公司兴旺发达希望之所在。我一定铭记您的教诲，在今后的工作中尽心尽责，一丝不苟。"

枫发自肺腑的话语，详略得当的简历，以及她那娟秀清丽的笔迹，使老总眼睛一亮。最终，那家公司向她亮了绿灯。

从这个故事中，我们可以看出事情的存在一定有其合理性。人家相不中你，一定是你有不足的地方。与其抱怨别人，不如改变自己。只有敢于面对，才能正视自己，只有正视自己，才能得以改变并提高。枫正是认识到了这一点，并且努力去改变自我，才赢得了成功。

在我们的生活中，我们总是想着如何去改变外界的事物。其实，有时候，当我们面对外因而无能为力时，不妨改变一下自己，那么命运也会在不经意间被改变。

从每个细节点滴感触幸福

幸福是什么呢？其实，幸福真的很简单。幸福是由很多细节组成的，劳累时候的一杯热茶，失望时候的一句鼓励，寻常日子里的会心一笑，行走路上的互相牵手……看似小小的动作，却常常会温暖人心。

人类总是有着对温暖的向往之情。当我们感到被人呵护，被人在意时，便会不由自主地在内心深处涌起一种幸福的感觉。相反，冷漠和忽视往往会拉远人与人之间的距离，而且还会在不经意间伤害到对方。

一对在外人眼里甚为完美的夫妻离婚了。事实出乎人们的意料，她说，身体不舒服的时候，让他帮忙做家务，他总是拿着张报纸充耳不闻；他说，那次搞策划得了点儿报酬，跟她讲，她说，那么点儿钱就让你不知道自己姓啥啦；她说，上夜班回家又累又饿，厨房里却是冷锅冷灶；他说，那一阵儿胃疼，想吃点稀饭，以为她听了第二天便会熬点儿粥，可是一个星期过去了，她也没有熬粥。

凡此种种，两个人数落了一大堆对方让自己伤心的事情，可数过来数过去，件件都是不起眼的小事情，偏偏他们就为这些鸡毛蒜皮离了婚。

也许你会说，这对夫妻为了一点小事离婚太不应该了！暂且放下这一点不说，其实在他们的内心深处都渴望着关爱，只是当这一目的不能达到时，当他们感受不到来自对方的爱意时，便痛下决心离婚。这一切都说明了，一些看上去并不起眼的小细节对维持婚姻的幸福起着何等重要的作用。

曾听过这样一个故事：

故事的女主人公很美丽，她的婚姻似乎和她的相貌一样完美。但是不管多么完美，日子久了，终究会变得平淡。平淡久了，也终究会厌烦。当她厌烦到快要麻木的时候，她邂逅了一个丈夫之外的男人，那个男人似乎让她看到了一个全新的世界。于是她决意离婚，丈夫久久没有言语。

她拿出小剪刀开始修剪指甲，可是她的小剪刀有点儿钝了，不大好用。

"你把抽屉里那把新剪刀递给我一下，好吗?"她说。

丈夫把剪刀默默地递给她。她忽然发现，丈夫递给她剪刀的时候，刀柄的方向是朝向她的，刀尖朝着自己。

"你怎么这样递剪刀呢?"她有点儿奇怪。

"我一直都是这么给你递剪刀的。"丈夫说:"这样万一有什么意外，也不会伤到你的。"

"是吗?"她的心忍不住轻轻一动:"我从来没注意过。"

"那是因为这太平常了。"丈夫静静地说:"我从没有说过。因为我一直以为这没有必要说——其实我的爱也是这样的。从我爱上你的那一天起，我就告诉自己说，要把最大的空间给你，要把最大的自由给你，就像刚才递剪刀时把刀柄给你一样，把爱情的生杀大权给你，让你不会受到伤害——最起码不会从我这里受到伤害。也许这并不惊天动地，也并不轰轰烈烈，可这就是我的爱。"

她低下头，望着手中冰凉的剪刀，泪水汹涌而出。是的，丈夫一直都是这么爱自己的，他给予自己的一直都刀柄之爱。可自己给予丈夫的又是什么呢?

这是怎样一份细腻的爱，当我用心去体会时，连自己都被深深地感动了。故事中的这个女人，最终还是回到了丈夫身边。

面对即将崩溃的婚姻，是丈夫那一个小小的爱的细节挽救了它。女人终于在丈夫递剪刀的那一刻领悟到了爱的真谛。真正的爱不仅仅是浪漫的相遇，热烈的吸引，醉人的蜜语和澎湃的激情，它更是深广的宽容，细微的疼惜，淡远的关爱和无声的表达! 大爱无言!

记得在一个漫天飞雪的冬天里看到这样一个情景:一对刚进入超市的老夫妻正站在一边互相为对方弹落身上的雪。两个人的动作都很仔细，先是轻轻给对方拂去头上的雪，再用手轻轻弹去对方肩膀上的雪，最后再互相把背后的雪一点一点用手从上而下的拍落。老人的动作轻柔缓慢，却又是如此默契，让人联想到以往的很多年里，他们就是这样为对方拂落身上的尘埃和积雪。

这看似不经意间的一个小小的动作，却深深地感动了我们。试问，这世上还有多少夫妻记得为对方拍一下身上的积雪呢？试问，还有哪一对夫妻配合地如此默契呢？这轻轻地一举手一投足，却代表着一丝丝的爱意，它们用行动向彼此表达着内心的关怀。

幸福就像空气，握不住，摸不到，它就是一种感觉，只有当你用心去感悟的时候，才会发现：**幸福就在我们生活的每一个细节里。一件微不足道的事情，一个小小的动作，都会让我们感动很久很久。**

握好自己的"快乐钥匙"

生活就像一面镜子，当你对它笑时，它就会对你笑；当你对它哭时，它就会对你哭。如果你以悲伤、痛苦的心情去生活时，那么生活就是非常沉闷灰暗的。如果你以乐观的态度去生活，那么生活一定会处处都充满着阳光，那些不如意、不顺心的事也会随之而烟消云散。

马克·吐温是著名的幽默作家，然而他自身的经历却带有强烈的悲剧色彩。他从小就经历了人世的辛酸。他的两个哥哥和一个姐姐，在他年轻时相继死去，他的四个孩子也一个个先他而亡。但是，他一直都相信，如果以欢笑为止痛剂去减轻来自生活的痛苦，那么一定能够得到乐趣。他是这样来表达自己的看法的："在生活的舞台上，学着像个演员那样感受痛苦，此外，也学着像个旁观者那样对你的痛苦发出微笑。"

每个人都有七情六欲和喜怒哀乐，烦恼也是人之常情，是谁也无法避免的。但是，由于每个人对待烦恼的态度不同，所以烦恼对人的影响也不同。通常人们所说的乐天派与多愁善感型就是显然的区别。乐天派的人一般都能够活得轻松，活得潇洒，那是因为他们很少自寻烦恼，而且他们能够善于淡化烦恼。而多愁善感的人只会活得不开心，活得痛苦不堪，那是因为他们总是喜欢给自己找一些不必要的烦恼，而且一旦有了烦恼就会忧愁万千，甚至牵肠挂肚。

其实，我们活得幸福与不幸福完全在我们自己对世界的感知。很多时候，我们因为别人而生气，这便是拿别人的错误惩罚自己，很多时候我们往往因他人的失误或态度恶劣而令自己心情不爽。

每人心中都有把"快乐的钥匙"，但我们却常在不知不觉中把它交给别人，就如同睡眠一样，你越是想睡着却越是睡不着，人生也是如此，你越是刻意地去追求快乐，快乐却离你越来越远，直到有一天，你放弃了所有的奢望，静静地陪着你的爱人喝一杯清水，听听爱人的笑声，这个时候你才会发现：快乐其实就在我们的生命里，只是我们一直不曾发现它而已。这就是一种放下的快乐，一种恬静的快乐，相反，你为了某一个目标而进行不懈的努力，可是得不到任何回报，越是得不到回报，就越是去拼命地追求，这样就陷入了到了一种恶性循环之中，与其这样，还不如珍惜眼前的状况，做一些自己力所能及的事情。不要太在意结果会如何，只要你尽力去做就可以了，这样会去除一些不必要的忧伤和烦恼。活在无常的智慧中，即使你对结局一无所知，但仍然能够享受生活的每一天，这就是放下的智慧，放下就是一种快乐。当心灵已经无法承受更多重压的时候，放下，就是人生中一个大智的选择。生命的长度与深度、生活的快乐与悲伤就在一收一放之间尽数了然。

一个真正理解了快乐与幸福的人，他会紧握着快乐钥匙，他并不期待别人使他快乐，反而能将快乐与幸福带给别人。

一位女士抱怨道："我活的不快乐，因为先生常出差不在家。"她把快乐钥匙放在先生手里；一位妈妈说："我的孩子不听话，这让我很生气！"她把快乐钥匙放在了孩子的手里；男人可能说："我很难过，上司不赏识我！"这把快乐钥匙又被塞在老板手里；婆婆说："我的媳妇不孝顺，我真命苦！"她把自己的快乐钥匙放在了媳妇手里……

这些人都犯了同样的一个错误，那便是他们总是让别人来操纵自己的心情，他们总是把自己的快乐寄托在别人的身上。

当我们容许别人掌控我们的情绪时，我们总觉得自己就是受害者，并时不时地表现出一幅无能为力的样子来。于是，抱怨与愤怒便成为我们舒缓心情、寻找快乐的方法。我们开始有意无意地怪罪他人，我们开始抱怨：我这么痛苦，都是你造成的，你要为我负全部的责任。

此时此刻，我们把自己的快乐建立在别人的行为之上，我们在用一种近乎企求的方式要求别人使我们的心情快乐，似乎自己只是一个可怜的无法自主、任人摆布的木偶，喜怒哀乐都得听从别人的指挥。这是一种非常不明智的做法，自己不开心不快乐，只会使自己陷入苦闷之中罢了，对于别人又会有什么影响呢？又何必让自己的心情掌控在别人的手中呢！

# 培养快乐的心情是一生的使命

我们在人生的旅途中，总是为事业而整日奔波，在实现梦想的道路上披荆斩棘，在热情与冷漠中迷失了自我……纵使我们长出三头六臂，或是一夜之间变得八面玲珑，结果也是一样，人生的法则就是总要有人成功，有人失败；有人欢喜，也有人苦恼。我们常常有意地培养兴趣、培养能力、培养成功的种种条件，可是我们却忘记了一件事情：在生活中多为自己培养一些快乐的心情。

快乐，是人类追求的终极目的，是每个人一生都在苦苦寻觅的"梦中情人"，培养快乐自然就成了每个人一生的使命。只是当你用了心、尽了力时，这一使命便会很容易完成，而当你粗心大意、怨天尤人时，也许这一使命将是一个遥不可及的美梦。

有些人认为生活的快乐与否完全是和金钱成正相关，这一观点有一定的正确性。然而，快乐和痛苦有时候并不完全取决于你的生活状况，很大程度上取决于你对生活的态度。就好像每次走到小区门口看到那家卖烤鸭的女主人，我的心都要条件反射般地收缩一下，因为每次看到的都是一张愁苦的脸庞，她看起来是一个老实巴交、心地善良的女人，但也许是生意实在不好做，也许是竞争给她的生活带来了惶恐，也许她还有其他的烦心事。在张罗生意时也很难看到她的一丝微笑。总而言之，一看到她，就知道是一个不会排解烦恼的人。而另外一家卖烤鸭的店却生意兴隆，供不应求，女主人祥和的微笑让人觉得舒舒服服。同样是卖烤鸭，同样是在一个小区中，生意景气度却相差甚远。仔细想想，这真的仅仅是烤鸭的质量不如别人吗？还是她一贯的坏心情、坏脸色让大家选择了对她的回避？

一个衣着朴素的老者去一家商场为他的宝贝孙女购买生日礼物。当他

看中一件漂亮的童装后微笑地问营业员价格，也许是不巧赶上那个营业员心情不好，她很不耐烦地把价格告诉了老者，脸上写满了傲慢与轻蔑。老者付款后，非但没有丝毫不痛快，反而依然笑呵呵地向那位营业员道谢。旁边的顾客感觉有点不可思议，问那位老者，她对您这么没礼貌你怎么还那么高兴地向她道谢呢？老者笑吟吟地回答道，我为什么要被她的态度左右我的心情呢？快乐是我的习惯啊！

"快乐是我的习惯！"仅仅一句话就体现出老者的智慧，其胸怀之坦荡确实令人佩服。当快乐成为一种习惯时，那么你将不会被别人左右而是左右别人。当快乐成为一种习惯时，世界在你的眼里将永远都是美好的。当快乐成为一种习惯时，你的人生就如同阳光一般灿烂无比。

每个人不管贫穷富贵、得意失意都有享受快乐的资格，快乐绝对不是富人或是成功人士的专利。如果你现在还不是一个快乐的人，那么从现在起就开始培养快乐的习惯吧！不妨试试以下五个让自己重拾快乐的生活小习惯，天长日久的做下去，你一定会从这些快乐习惯的积淀中体会到浓浓的幸福感。

NO.1 给朋友寄张卡片

挑选一些漂亮别致的卡片，放在包中随身携带，在等公共汽车、排队结账、等人时，随手拿出一张写上只言片语，如"永远都想念你"、"你一定会幸福的"、"想起我们曾经在一起的日子"等等，然后寄给你的朋友。当卡片被寄出去后，一想到朋友们收到卡片时惊喜的表情，你也会感到心情愉快的。

NO.2 看一场悲伤的电影

看一部令人伤感的电影，当你的心被剧情深深打动时，不妨尽情地放声哭出来，然后安慰自己说，还好这只是电影情节，并不是真实的生活，这个时候你的心情自然会大有改观。

NO.3 偶尔吃一顿大餐

吃一顿大餐不仅能享受到美味可口的食物，还能让你感觉自己受到了特别礼遇。人在受到与别人不同的照顾时，心情会不知不觉地变好。我们在小时候都可能有类似这样的经历：当父母特意为你买了一只与其他孩子不一样的、漂亮的碗，你会高高兴兴地吃下比平时多的食物，即使不爱吃的食物也变得"可爱"起来。

NO.4 一边喝咖啡，一边读小说

挑一家你数次匆匆经过却无暇进入的咖啡馆，带上一本近期最让你感兴趣的小说，选一个靠窗边的位置，坐下来点一杯香浓的咖啡，抛开所有的工作和琐事，让自己沉浸在咖啡馆舒缓的音乐中，边喝边读⋯⋯在不知不觉中，你会受到气氛的影响，得到真实的放松和享受，和浓浓咖啡一样幸福洋溢起来。

NO.5 在镜头中留下自己的每一刻

在空闲的时候，每天用相机拍下一些身边的人和事，比如窗外的树木、路边的小花、邻居家的孩子和朋友的婚礼。然后将这些随时可能被遗忘的片段记录起来，当你不定期翻看照片时，你会觉得所有的细节都是一种美好的回忆，于是整个人也会在不经意间快乐起来。

由此可见，**快乐源于对生活的热情，源于对活着的珍惜**。当我们内心有着快乐的欲望，并有意地做一些快乐的举动时，我们的心情便会在不自觉中快乐起来。快乐，就是这样被培养出来的。这世上没有绝对幸福的人，只有不肯快乐的心，快乐是每个人自己的事情，只要你愿意，你就可以快乐，只要你愿意，快乐就可以成为你的习惯，只要你愿意，快乐可以毫无怨言地陪你走完漫长的人生之路，可以成为你生命中不离不弃的良师益友。

# 不妨从最低处做起

从前，有一个青年对生活非常不满，他觉得怀才不遇而牢骚满腹。有一天，他遇到了一位老人，这位老人在海上打了20多年鱼。青年问他："伯伯，你每天打多少鱼?"老人说："你不知道，孩子，打多少并不是最重要的，关键只要不是空手回来就可以。在我儿子上学的时候，为了供他读书，不能不想着多打一点。现在他毕业了，又找到了饭碗，我也没有什么奢望打多少了。"青年若有所思，突然想听听老人对海的看法。他说："海是够伟大的，滋养了那么多生灵……"老人说："那么你知道为什么海那么伟大吗?"老人接着说："海能装那么多水，容纳那么多生灵，是因为他位置最低。"听到这话，青年豁然开朗了。

这个故事中，老人正是因为把位置放的很低，所以才能从容不迫，才能悟透世事沧桑。正是海的位置最低，所以才能笑纳百川，包罗万象。青年终于觉悟了，也许放低自己的位置，就会有一个新的人生。

有一天，李嘉诚阅读《塑胶》杂志，看到一小段消息，说一家意大利公司利用塑胶原料制造塑胶花，全面倾销欧美市场。

李嘉诚意识到这类价廉物美的装饰品有着极大的市场潜力。事不宜迟，他马上兴冲冲地飞往意大利。可是，到了工厂门口的时候他停下了脚步。他深知厂家对新产品技术的保守与戒备，也知道应该名正言顺地购买技术专利。可是，他的长江工厂小本经营，绝对付不起昂贵的专利费，而且厂家绝不会轻易出卖专利。

当他得知这家公司的塑胶厂招聘工人时，就去报了名，被派往车间做打杂的工人。李嘉诚的工作是负责清除废品废料，所以他能够推着小车在厂区各个工段来回走动。在这个过程中，他特别留心生产流程。收工后，

他就急忙赶回旅店，把观察到的一切记录在笔记本上。

很快，整个生产流程都熟悉了。可是，属于保密的技术环节还是不得而知。于是，他就邀请新结识的同事到城里的中国餐馆吃饭，并用英语向他们请教有关技术，佯称他打算到其他厂应聘技术工人。通过眼观耳听，他大致悟出塑胶花制作配色的技术要领。

几个月后，李嘉诚偷师学艺成功，带回一大箱的样品花、资料。他刚一到厂，就招来技术员、生产主管，商量生产最新的塑胶花。几周之后，香港的大街小巷几千间花店里都摆满了塑胶花。香港掀起了塑胶花热潮，李嘉诚也由此被称做"塑胶花大王"。

李嘉诚为了学习新技术，不去计较职位的高低，不去计较薪水的多少，最后他终于如愿以偿。正是他这种从最低处做起的精神，使得他成为"塑胶花大王"。

某英语培训学校曾有一位普通的大学毕业生员工，刚工作时，他的主要任务是帮助学生收发耳机。但是，他并没有因为从事了这样的工作而自暴自弃，而是一边帮助学生收发耳机，一边认真地听每一位老师的讲课。日积月累，经过不懈努力，他的英语水平有了很大的提高。由于他听过很多老师的课，不知不觉中也掌握了很多教学技巧。工作两年后，他找到校长，说自己要当老师。这着实让校长吃惊不小。但是他的试讲还是让校长感到满意。后来他竟然成为这所英语培训学校的名牌教师。

故事中，大学生毕业生能够从底层出发，一步一个脚印，经过长期的努力奋斗，终于获得了成功。他的成功来源于坚强的毅力，他的成功来源于放低姿态从低处做起的工作态度。其实，有时候从低处开始往往会让你得到很多意想不到的东西。

每一个即将踏入职场的人，都应该清楚地认识到自己的长处和短处，同时既不能过高地估计自己，也不能为就业而降低对自己的评价。

在求职的过程中，良好的发展前景和优厚的待遇是很多人所向往的。然而，你必须知道，有多大能力、能够在工作中创造多少效益，才能获得相应的回报。世上绝对没有天上掉馅饼的好事，一个人的成功绝不是一蹴而就的，而是一个不断提高、不断完善的过程。当你还不具备一定的能力时，不妨降低目标、放下身段，从最低处做起，一点点地积累，总有一天会受到幸运之神的青睐的。

 ## 再苦也要笑一笑

每个人的人生都不可能是一帆风顺的，都要经历这样那样的磨难。然而，有的人在不幸面前灰心丧气，悲观失望，甚至自暴自弃、自甘堕落，而有的人却能够以微笑的姿态迎接挫折的到来。

日本高僧白隐，以生活纯洁的圣者而闻名。然而，有一天他却被指为使附近的一个女孩受孕，女孩的父母怒不可遏地去白隐理论。

白隐默默地听着那对愤怒的父母的交相指责，最后淡淡地微笑着说了一句话："就是这样吗？"

孩子生下来之后，当然交给"父亲"白隐照顾。此时，白隐已经名誉扫地，恶名远播。对此，视名誉为生命的他并不介意，只是非常细心地照顾孩子，婴儿所需的奶水及一切用品，都由他向邻居乞求而来。

事隔一年之后，这个孩子的未婚妈妈终于忍不住良心的苛责，向父母吐露了实情：孩子的亲生父亲其实是在鱼市工作的一名男青年。

她的父母立即将她带到白隐那儿，向禅师道歉，请他原谅。白隐听完了他们的道歉，然后又是微微一笑："就是这样吗？"

白隐不愧是一位圣者，当他面对巨大的委屈、众人误解的不公平待遇，依然从容自若，他并没有为自己辩解，只一句"就是这样吗？"轻轻打发了。倘若是一个平常人一定感到是莫大的冤枉，但是他却如此平静地坦然处之，表达了自己对误解和伤害的应对方法。

在我们的生活，常常会遇到一些麻烦的或者不顺心的事情，也常常会因这些不大不小的事情搞得自己郁闷、愁苦不堪。那么，我们到底应该怎样正确面对？

其实，当不如意找上自己时，最好的方法就是向它笑一笑。当你顺心

时，你会很自然地微笑；当你烦闷时，你更要笑一笑。也许会心地笑一笑，换个角度去看问题时，你会觉得心情马上就快乐起来。

当你遇到自己喜欢的人，你会以微笑面对他；当你看到令自己讨厌的人时，你也应该很有礼貌地笑一笑，这种笑也许会为你赢来一份真诚的友谊。

所以，不管什么时候都要笑一笑，特别是面对危险的处境、不幸的命运时更应该如此。微笑着吧，相信没有什么能够阻挡你前进的脚步的。

据哥伦比亚大学一项对民众观赏幽默录像带的研究发现，开心地笑一下会增加唾液的分泌，还可以增加唾液中的抗体。人们应学会自我调控和驾驭情绪，理智地对待生活环境及人际关系的变化，正确应对各种刺激，养成不以物喜、不以己悲、乐观开朗、宽容豁达、淡泊宁静的性格。

原来，轻轻地一笑，竟然有这么多的好处，那么我们为什么不经常笑一笑呢？

在这里需要说明的是，笑对人生绝不是肤浅地指面对困难或挫折只是简单地笑一笑，所有的问题便会迎刃而解，而是指在追求梦想的过程中，当你遇到困难时，能够凭借顽强的毅力，借着积极乐观的态度去克服它、战胜它。其实，也就是以坦然的心态、坚定的信念去迎接命运的挑战。

很多人在面对困难的时候往往表现出一种消极的情绪，这是十分不可取的。很多时候，我们并不是被困难与不幸所打败，真正打倒自己的往往是我们自身。君不见无数的人会谈虎色变，君不见无数的人对戈壁望而却步。

笑对人生比起那种被困难吓倒的态度不知要高明多少倍呢！当有阳光的日子里，笑一笑吧！当阴暗与不幸来到时，更要笑一笑！

3

快乐是幸福，不快乐也是幸福

　　即使有些东西我们暂时得不到或者永远也得不到，我们也不应该让它成为心灵的负担，也许它本来就不应该属于我们。人不是太阳，不可能让地球围着自己转。但是，倘若你能以快乐的心态去面对生活，你的心中可能就拥有了一片晴空，装得下地球，也装得下太阳。

# 不幸是上帝给你的特别恩赐

曾经有一个寓言：上帝发给每一个人一个苹果，并在一些苹果上咬了一口，虽然苹果不完整了，但有的人还是把它当作上帝的恩赐。同样，苦难不也是上帝给我们的特别恩赐吗？上帝只是在我们平淡的生活中，添了一道叫做"苦难"的菜而已，它让我们细细品味，慢慢体会。苦难是人生的一门必修课，没有人能够拒绝苦难。面对苦难，我们无法逃避，因为这是上帝赐予我们的恩惠。

有的人面对上帝的恩赐，非但不领情，而且还自怨自艾，悲伤叹息；而有的人却能够真正理解上帝的善意，并以微笑回报上帝的厚爱。

有一名建筑师在一次施工中，由于意外事故而失去了两条腿。他一想到自己将会永远无法行走，就感到十分的绝望。

有一天，市艺术展览馆为一位残疾画家举办一次画展，家人决定陪他前去参观。

在展览大厅一角，他被其中一幅水彩画深深地打动了：画上面是一片金色的海滩，上面搁浅着一条老船，在它那瘦骨嶙峋的筋骨上，刻满了岁月的沧桑。那稍稍倾侧的船体下，则只有一小洼清水。然而，在画上面却写着一行非常有力的字："相信吧，潮水会回来！"

从这幅画中，他感觉到有一股无形的力量在震撼着他。之后，他从展室管理员那儿了解到了一些作者的情况。原来，这些画作都是出自一位年逾七旬的残疾老者之手。而在十多年前，那位老者就因患上进行性运动神经疾病，卧床不起。但是，这么多年来，他一直坚持与病魔抗争。

这名建筑师被老画家的精神感动了，他让家人陪他去拜访那位老者。

当他来到那位老者的家里时，老画家正躺在床上，用两个枕头垫着后

背，守着画板作画。然而，在老者那枯瘦的面孔上，却看不到丝毫痛苦的神情。老者放下画笔，热情地打招呼，在他们面前一直都是谈笑风生。

在交谈中，他坦诚地对老者说："见到你之后，我忽然开始为自己以前的怯懦而感到羞耻。"

后来，他成为了一名十分出色的建筑设计师。

在这个故事中，遭遇不幸的建筑师开始时灰心失望，责怪命运的不公。然而当他看到一个残疾的老者在用顽强的毅力和不幸做着斗争，并且最终取得一番成就时，他深受感动并从中得到了启发，从此，他便奋发图强，终于成为了一名十分出色的建筑设计师。他们都是生活中的不幸者，然而他们都是真正领悟苦难真谛的人，他们都是以微笑来迎接苦难的人，最后苦难也给了他们最好的回报。

苦难让我们深感痛苦与忧伤，苦难让我们变得贫乏、孤单、力不从心，苦难使得我们受尽折磨，但是上帝藉苦难给予的恩赐却是最丰盛的。倘若没有了苦难，人生就会变的肤浅甚至贬值，没有经受风雨的洗礼，生命的大厦便显得单薄易摧。有一句名言说："冠军的桂冠从来都是用荆棘编成的。"真正的苦难，会使人变得冷静而深邃，并且一步步地走向成熟。有了苦难，人生的价值才会得以体现。

苦难就像爬梯，一步步地踏上去时，我们便走向了成熟，走向了坚强。人生倘若没有了苦难就不会有幸福的到来，正如没有了寒冷就没有温暖，没有了黑暗就没有光明一样。苦难的另一面便是成功与快乐。

当我们徘徊在人生的大道上时，我们就要清醒而理智地认识苦难、正视苦难、承受苦难，并且以微笑的姿态战胜苦难。当你真正做到这一点时，你便是生活中的强者，你便是一个真正刚强的人。

坚强成就幸福人生

痛苦是每个人都会遇到的事情。有的人在痛苦之中丧失了奋进的动力，而有的人却在痛苦之中学会了坚强。当我们以坚强的姿态来对待生命中的痛苦与挫折时，那么我们的人生必将充满欢乐与幸福。

有一位妇女，因为乳腺癌，不得不去医院做了左乳摘除手术。

伤口痊愈后，她发现自己的身体竟不自觉地向右边倾斜起来。让她更为苦恼的是，自己的胸前左边瘪塌塌的，右边鼓囊囊的，极不对称，以致穿起衣服来很是别扭和难看。

怎么办？她"就地取材"地从家里搜出芝麻、蚕豆、玉米、小麦、绿豆等种子依次分别往乳罩左边的罩口里装满一种种子然后再缝合罩口，戴在身上测试一下身体的美观及平衡效果，最后，她决定了绿豆作为乳罩的填充物。初戴上"绿豆乳罩"的她显得异常的兴奋与激动，她仿佛又找回了曾经的那份自信与美丽。

一天晚上，她摘下乳罩睡觉时，惊讶地发现——乳罩里的那些绿豆竟发芽了！第二天，她把那些绿豆炒熟了，然后再放进乳罩里。

可是，她又发现自己身上始终有一种熟绿豆的香味挥之不去，当她一出现在人群里人家总会耸着鼻子作闻香状……弄得她很是尴尬，又不好讲出实情。

后来，经过很多次试验，她发现在炒绿豆的时候，要掌握好它的火候——仅把绿豆炒到七成熟的样子，这样的绿豆放进乳罩里既不会发芽也闻不到香味，刚刚好。就这样，她终于解决了绿豆作为乳罩替代物与自己身体兼容的难题。

在这个故事中，这个女人的遭遇是不幸的，然而她并没有深深地陷入痛苦的泥潭而不能自拔，相反，在不幸的境地里，她依然向往着美丽，顽强地生活着，最后她终于用自己的智慧战胜了命运带给自己的磨难。其实，只要她的精神不改，我们坚信这个坚强的女人以后的日子一定会好起来的，我们坚信幸福之神一定会降临到她的身边的。

如电视剧《哑女情深》中秀茹的例子，更加强说明坚强成就幸福生活的力度。

电视剧《哑女情深》中女主角秀茹是一个勤劳善良的织布坊女工，在同时被颜家兄弟俩看中的情况下，她选择了老二承武，但同时却引来了老大的嫉妒。秀茹产下聋哑女婴，受尽了婆婆的折磨，后来丈夫在老大有阴谋地暗算下下落不明，她也被阴险的老大赶出了家门，而这时她又生下了一个男孩，为了不让孩子跟着自己颠沛流离，不得不含着眼泪把亲生骨肉托付好心人。夫离子散，居无定所，但秀茹并没有被打垮，她坚强的扛起了所有重担。在好心人的帮助下，她卖起了豆腐，生活也慢慢改善，但她一直惦记着生死未卜的丈夫和留在别人家的骨肉。为了这些，秀茹坚强地活着，终于迎来了一家幸福的团圆。

只要我们能坚强地面对不幸，勇敢地走下去，哪怕每一步都走得很艰辛，幸福终不会舍弃坚强的人，它就在彼岸等着你!

# 有了希望才能战胜挫折

挫折，是每个人都会遇上的事情。有的人面对挫折手忙脚乱，不知如何是好，甚至有些人因为挫折而改变了原本的性情，变得苦闷不堪，悲观绝望。而有的人却能够把挫折当成是人生的考验，在身处困境之中依然能够不忘记为梦想而奋斗，并且始终怀抱希望，始终相信自己会是这千千万万人中的一个成功者。

一位老教授带着他的两个学生进溶洞考察。据说，很多进去的人都一去不复返了。他们发现了一个有半个足球场大小的水晶岩洞，便兴奋地奔了过去，尽情欣赏着那些迷人的水晶。待激动的心情平静下来之后，负责画路标的学生忽然惊叫道："刚才我忘记刻箭头了！"他们再仔细看时，四周竟有上百个大小各异的洞口。他们转了很久，都没能找到退路。突然间，老教授惊喜地喊道："在这儿有一个标志！"他们决定顺着标志的方向走。老教授走在前面，每一次都是他先发现标志的。

终于，他们的眼睛被强烈的太阳光刺疼了，这就意味着他们已经走出了"魔洞"。那两个学生竟像孩子似的哭了起来，他们对老教授说："如果没有那位前人……"而老教授缓缓地从衣兜里掏出一块被磨去半截的石灰石递到他俩面前，意味深长地说："在没有退路可言的时候，我们唯有相信自己……"

是的，面对人生的困境，那个最可以信任的人只有自己。面对困境，我们不能怨天尤人、自暴自弃，唯有在自己的心头点燃一根火柴，点亮人生的希望，并义无反顾地走下去，我们才有走出人生"魔洞"的可能。想想看，在可怕的魔洞面前，人心得到了最大限度的考验，所有进去过的人都不曾复返过，可是为什么老教授和他的学生却可以

呢？其实，这就是他们心中的希望，这就是磨去的半截石灰石带来的巨大力量。

有一架运输机，在飞越一片戈壁滩的时候，不幸遭遇了一场特大的沙尘暴，但飞机还是成功地迫降了。飞机上只有驾驶员，设计工程师，导航员三人。正当大家为劫后余生欢呼的时候，却发现身处戈壁滩深处，更为要命的是：飞机严重受损，无法重新起飞；通讯设备全部损坏，无法与外界取得联系……

大家顿时感到死亡正在向自己一步步地逼近。为了不同的逃生方案，驾驶员和导航员发生了激烈的争吵，谁也说服不了谁，发展到最后竟然拳脚相向地抢起食物和水来。在这紧要关头，一直坐在一边苦苦思索的设计工程师冲了过来，一脸兴奋地说道："你们两个谁也不要再争了……我刚才大致检查了一下飞机，发现飞机的主要部件并没有损坏，只要你们两个都听我的指挥，我可以把飞机修好的！"驾驶员和导航员听了，立即停止了争斗，赶紧按照设计工程师的话忙碌起来。为了躲避烈日炙晒，大家就白天休息晚上干活；为了节省食物和水，大家就两餐并做一餐吃……

几天都过去了，飞机还是没有修好。就在这个时候，导航员偶然地发现，设计工程师根本就不会修理飞机，他只是在不停地重复着一些装卸工作。导航员恼羞成怒起来："好你个骗子，在身陷绝境的时候，你还不忘欺骗我们啊……"

"不，我没有欺骗你们！"设计工程师冷静地争辩着。突然，设计工程师兴奋地挥舞着手："来呀，救救我们——"顺着设计工程师手指的方向望去，一队商人的驼队正在远处不紧不慢地晃动着。于是，三个人得救了。喝着商人递过来的水，设计工程师开心地笑着说："怎么样，我没有欺骗你们两个吧？"驾驶员和导航员顿时醒悟过来了。

在我们的生命中，身陷困境固然是非常不幸的，但是比困境更加不幸的是心中没有希望，倘若如此，那么只有慢慢地等待着死亡的降临了。设计工程师的欺骗给他同伴得以存活下去的希望，正是这束希望支撑着他们在苦难的边缘抗争。

人生难免会遇到这样那样的不幸，只要还有**1%**的希望，就应该付出**100%**的努力！请怀抱希望勇敢地面对吧。相信自己，一定可以战胜挫折！

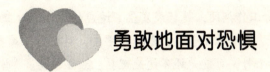 # 勇敢地面对恐惧

　　每个人的生命中都会有不少潜藏的恐惧，有的是因自己的怯懦而产生，有的是外力在我们成长的过程中所加诸的阴影，如果不能勇敢地面对它，而只想处处躲着它，我们将会发现：世界真的很小，我们只会面临无处可逃的命运。

　　57 岁的罗博特一想到即将退休，就愁绪万千；

　　25 岁的琳达一乘坐电梯，就有恐惧感；

　　15 岁的费利斯一想起约会，就双腿发颤，肠胃不适。

　　几乎所有年龄阶段的人都有各自不同的恐惧心理。其实，恐惧并不一定就是一件坏事。有时候，恐惧还会变成一种勇气帮你逃脱灾难。同样地，当危险仅仅为心理所致时，恐惧能强迫你采取有效的措施。只有当恐惧程度比危险还要强烈时，它才变成一个严重的问题。

　　恐惧并不是与生俱有的，它只不过是过去的经历和生活环境所造成的。例如，一位名叫比尔的年轻人，他的父亲向来认为灾难只不过是临时的挫折，它终究能被勇气和毅力所克服。比尔在父亲的影响下喜欢上了冒险，他总是相信自己有能力解决问题。恰恰相反，费尔的父亲用毕生的精力来保护自己和他的家庭。对工作变动及被"炒鱿鱼"，他总是胆战心惊，由于怕出车祸，他不敢去度假。生长在这样的环境里，费尔自然而然地变得胆怯和紧张。

　　有些人总喜欢给自己一些限制，不敢去尝试新的事物，他们总是在心中对自己说："我不能！""我不会！""我不喜欢！"于是，让自己很遗憾地停留在原地踏步，无法突破。

　　"我不能！""我不会！""我不喜欢！"这样的话语，其实都是自己用

来吓自己的。它虚拟成很大的障碍，阻挡我们前进的道路。说穿了，它就是要自己主动放弃，免于付出尝试的努力，而且毫无愧疚之心。

有一个女性同事，在一个偶然的机会中，决定转往业务销售领域发展。刚接下那份工作期间，她曾经发生不适应的现象，心中萌生去意。

她解释道："我真的不合适，勉强拖下去，对公司、对自己都不好。"

"才短短两个月，可能是还不适应吧！"我劝告她，"当初也是考虑过才决定转行的，如今还不到一年的功夫，做业务销售的资历不够完整，轻言放弃很可惜。"

后来，在朋友的劝导下，加上公司同仁的挽留，她决定再试试看。半年过去了，大家都觉得她做得不错！她终于克服了自己恐惧失败的心理，拿出勇气向前迈进了一步。

其实，恐惧并不是非常可怕的事情。但是，它有时候却会让我们深感焦虑和痛苦。那么，我们究竟应该如何做才能战胜恐惧呢？

NO.1 留心自己的身体健康状况。如果你的恐惧症一直不消，那么你就该进行一次体格检查。如果营养不良、患病或劳累，那么你就会产生恐惧心理。

NO.2 与他人分享你的苦衷。如果你总为自己的恐惧保密的话，那么你将会更加恐惧而且会成为与众不同的人。如果你能向了解你的痛苦的人诉说衷肠并博得他们的同情与理解，那么你就迈出了重要的一步。

NO.3 请时常给自己宽心。如果把不好的事情看作灾难，那么你将会使恐惧更加剧烈。给自己宽心要求我们乐观对待不幸的事。例如，假如你的车坏了，健康的心理应是："噢，这并不是坏事，只是不便而已。"然而如果你埋怨道："如果老发生这种事情，那么我注定是个失败者。"那么这些话会使你陷入一种不能自拔的恐惧中。

NO.4 打消"十全十美"的观点。如果你真的想干好工作，那么你就可能成功。然而，你要想把工作完成得十全十美，那么，在工作开始之前你便注定是个失败者，因为你对自己的要求太过分了。

美国心理学家宋戴克说："大勇无畏永远是成功者的显著特征，而胆小怯懦的人可能连小事也做不好。战胜自己的恐惧，会使自己的心灵更新、勇气倍增。你应该用成功的意象来刺激你的神经系统，当你拥有必胜的心志时，你就离成功不远了。"

我们处在一个机遇与挑战并存的时代，如果要实现自己的梦想，要在社会上有所作为，尤其需要有一种敢于创新的精神，敢于打破多年传统观念的束缚，敢于走前人未走过的路，敢于面对各种不同的议论……而种种的畏惧心理都将束缚我们前进的步伐，必须坚决地将其打破。

走出"灰色地带"，生命会更精彩

　　许多身体有缺陷的人，面对世俗的偏见常常表现出一副灰心丧气的样子来，他们的热情与欲望总被有意无意地压制封杀，倘若不能得到及时地疏导与激励，将会丧失信心和勇气。

　　有位喜欢音乐的女孩想当个职业歌手，可是她容貌够不上漂亮，牙齿也不齐。后来，一个偶然的机会她到一个俱乐部去演唱，首次展现自己的容貌与歌喉，她唯恐观众发现自己不雅观的牙齿，就将上唇紧抿着。在观众席中，有位乐师听了她的歌声，认为她具有歌唱才能，乐师在演出后对她说："刚才在台上你所做的一切动作我都看得清清楚楚。你尽量抿着嘴唇不使牙齿露出来，你真的以为自己的牙齿不好看吗？"听罢，姑娘羞得满脸通红。乐师又说："那有什么值得羞耻呢？放声唱吧，你会得到观众的喜爱的。"这位小姐听从了乐师的劝告，接纳自己。此后，每逢表演，她都尽情地张开嘴，开怀自由地歌唱。不久，她便成了深受观众欢迎的歌星。

　　在这个故事中，这位小姐由于自卑不敢将自己的缺陷暴露给大众，当她受到乐师的指点后便信心大增，很快就实现了梦想。其实，她的故事告诉我们：缺陷并不可怕，真正可怕的是自己被缺陷所打倒，当我们真正地直面自己的缺陷，真正地对自己的才能抱有足够的自信时，那么我们一定会获得最后的成功。其实，并非我们命里注定只能失败，而是我们在故意把自己不如意的方面隐藏后就缺少了各种有效的激励。看看她，你就知道激励在人生的道路上有着何等重要的作用了。

　　一个小女孩因为长得又矮又瘦被老师排除在合唱团外，她躲在公园里伤心地流泪。心想：我为什么不能去唱歌呢？难道我真的唱得很难听？想着想着，小女孩就低声地唱了起来。

"唱得真好！"这时，一个声音响起来，"谢谢你，小姑娘，你让我度过了一个愉快的下午。"

说话的是个满头白发的老人，他说完后就走了。

小女孩第二天再去时，那老人还坐在原来的位置上，满脸慈祥地看着她微笑。

于是小女孩唱起来，老人聚精会神地听着。最后他大声喝彩，说："谢谢你，小姑娘，你唱得太棒了！"说完，他仍独自走了。

过了很多年，小女孩成了大女孩，长得美丽窈窕，是本城有名的歌手。但她忘不了公园靠椅上那个慈祥的老人。于是她特意回公园找老人，但那儿只有一张小小的孤独的靠椅。后来才知道老人早就死了。

一个知情人告诉她那位老人是个聋子，都聋了20年了。

女孩在老人的鼓励下一步步地走向了成功，后来她才得知老人是个聋子。从这个故事中，我们也可以看出，每一次鼓励都是给人创造一次机遇，女孩正是在这样的鼓励下树立起了自信心，并且持之以恒地为梦想做不懈地努力，所谓功夫不负有心人，她终于成就了自己的梦想。其实，每一个人都需要他人的鼓励，特别是那些因自身缺陷而深感自卑的人更是如此，也许一句鼓励的话语便会改变其人生的道路。

所谓"金无足赤，人无完人"，形形色色的世界有着形形色色的人，当我们没有一个健全的身体时，请不要自卑，请不要哭泣，请相信美好的日子就要到来，请相信生命会因为苦难而更加精彩！当我们拥有了一个健全的身体时，那我们就更应该放下心中的消极情绪，向着梦想的大门前进！

用喜剧的方式来演绎悲剧的生命

佛说，人生苦海无边，人活着就要受苦受难。人从出生那天开始，就不可避免地要走向死亡。以此来说，人生就是一场悲剧。但是，人类的生活也可以非常简单，渴了，喝口水，饿了，啃片面包。一场雷雨，一个笑话，却也是响亮快活，人生又不能不说是场喜剧。

世事难料，人生无常。在我们的生命中，总有一些事情在没有预警的情况下，进驻脆弱的生命，让人饱受风雨与挫折之苦。

生命也许是痛苦的，我们无法改变它，但是，我们可以改变对生命的态度。

在人生的困境里，每个人面对的方式及接受的程度有所不同。有人自怨自艾终其一生，有人自卑自怜整日愁眉深锁，有人因为一次的失败，从此一蹶不振，有人却选择了却残生也不肯坦然面对，在面对看似山穷水尽的岁月里，要如何创造柳暗花明的未来，除了要看每个人毅力与耐性外，最重要的是，当你身处不利的环境时，要有处世的智慧。

任何事情既有好的一面，又有坏的一面，世间事千变万化，无奇不有，有的人乐观以对，有的人悲观视之，虽然，世上总有一些麻烦让人感到不痛快，不过，聪明的人永远有新的方式来应对人生。

人们常说，人生就是一个舞台，这个舞台，正上演着一出又一出的悲喜剧，正因为人人都有悲伤，也都悲伤过，所以，悲剧才成为理解人生的一把钥匙，悲剧才成为人生体验的折射与升华。因此，悲剧才有撼动人心的力量。

其实，应该更确切地说，人生本是一出悲喜剧，只是悲剧的成分又比较多一点，虽说苦比乐多，但我们还是可以用另一种方式来表达对生命的敬意，亦即用喜剧来表达对生命的热爱，与其哭哭啼啼来看人生，倒不如笑笑的来看人生。

莎士比亚曾说："世界只是一个舞台，生命只是一个可怜的戏角。"

美学作家朱光潜说："悲剧是一回事，可怕的凶灾险恶又是另一回事。悲剧中有人生，人生不必有悲剧。"

如果人生的剧本是属于悲剧的，那么我们就用喜剧的方式来演出吧！当我们用喜剧的方式来演绎悲剧的生命时，也许就会在不经意间发现挫折并不是那么可怕的东西，它只是在考验着我们的意志，也许就会有一种更深刻的心灵感悟，从而更加懂得珍惜人生中美好的事物，就能够看淡名与利，潇洒生活，快意人生，也许就会更加理解成功的光环背后浸透了无尽的血与泪，也许就更能明白"有付出，才会有回报"的真谛。

在这普普通通、平平淡淡的生活中，有很多身处不幸的人们，他们在面对人生的悲剧时，并没有一味地沉沦，并没有过多地感叹世道的不公，而是选择了以微笑的姿态来迎接上帝的考试，并且怀抱无比的自信：相信我的命运是以喜剧来收场的，我便是自己命运的主人。

居里夫人从1896年发现放射性元素，直到1902年发现了使世界化学界震惊，对世界化学界发展起促进作用的元素——镭，共经历了6个艰苦的春夏秋冬。这6年里，她独自一个人在冰冷的实验室里，面对着一切冰冷的器皿，可是，她从来就没有放下梦想的念头。终于，在1902年，发现了她企盼已久的镭。

张海迪是中国残疾人协会的代表，面对五岁时突如其来的脊髓病，她也曾想过放弃，痛定思痛之后，她毅然选择了坚强，拿起了手中的笔，写出了她心中的完美世界。

同样的，海伦·凯勒也是一名残疾人，但她也是微笑着与病魔抗衡，谱写了又一曲可歌可泣的神话。

居里夫人、张海迪、海伦·凯勒都遭遇了人间的悲剧命运，面对重重的打击，她们并没有低下高傲的头颅，她们自始至终都坚强而乐观地对待着生活中的挫折，她们一直都努力打起精神，目的就是为了演好自己的人生戏剧。正所谓"功夫不负有心"，她们终于赢来了人生的阳光，成功在友好地向她们挥手。

有一句歌词写得很好："不经历风雨，怎么见彩虹？没有人能随随便便成功。"彩虹固然美好，然而也只有在风雨之后才可以见到这样美丽之景。

喜剧固然是人人都会喜爱的，但喜剧往往是以悲剧的命运作为开头的。这人生的悲剧能否拥有一个美好的结局，就得看演员如何去演了！

其实，当你以喜剧的方式来演绎悲剧的命运时，你的人生将会处处洋溢着快乐！

 # 当你痛苦时要想这痛苦并不是永恒的

人为什么要充满烦恼呢？人为什么要痛苦呢？其实，烦恼与痛苦是每个人都会遇到的事情。

有的人深陷其中而难以自拔，而有的人却能够坚强地走出来。其实，当烦恼与痛苦找上自己时，你要想，它并不是永恒的，它终会过去的。

有时候，人的承受力远远超出我们的想象力。人总是在遭遇一次重创之后，才会明确地认识到自己的坚强和坚韧。因此，无论遭遇了什么磨难，都不要一味地抱怨命运是多么的不公平，甚至从此悲观失望，厌倦世俗。**在充满苦难的生命中，没有过不去的事，只有过不去的人。**

一位农村妇女，18 岁的时候结婚，26 岁赶上日本鬼子在农村进行大扫荡。这时，她不得不经常带着两个女儿和一个儿子东躲西藏。

终于熬到了把日本鬼子赶出中国的那一天，她的儿子却在那炮火连天的岁月里，由于缺医少药，又极度缺乏营养，因病夭折了。她的丈夫不吃不喝在床上躺了两天两夜，她流着泪说："咱们的命苦啊，不过再苦咱也得过啊，儿子没了咱再生一个，人生没有过不去的坎。"

刚刚生了儿子，她的丈夫就因病离开了人世。她含辛茹苦地把孩子一个个拉扯大了，生活终于有了好转，两个女儿嫁了人，儿子也结了婚。她逢人便乐呵呵地说："我说吧，没有过不去的坎，现在的生活多好啊。"

可是，上苍似乎并不眷顾命运多舛的女人，她在照看孙子时不小心摔断了双腿，由于年纪太大做手术有危险，因此一直没有手术，但她只能躺在床上了。即使下不了床，她也没有怨天尤人，而是坐在炕上做做针线活，她会织围巾，会绣花，会编手工艺品，左邻右舍的人都夸她手艺好，前来跟她学艺。

她活到了 86 岁，临终前，她对儿女们说："都要好好过啊，没有过不去的坎……"

这位妇女的命运确实悲惨，面对敌人的伤害，她并没有屈服，面对艰难的生活，她依然坚强地活着，这个柔弱的女人始终相信：世上没有过不去的坎。她以自己顽强的毅力向命运发起了挑战，用瘦削的双肩承担着巨大的痛苦与不幸，终于一步步地走了过来。其实这世上没有什么永远的痛苦，挫折只是暂时的，真正的幸福来得绝不会一帆风顺，当我们咬咬牙挺过去时，就会发现：生活原来如此美好！

年轻同事的父亲突然撒手人寰，她悲痛欲绝，整日以泪洗面，仿佛生活夺走了她的所有，全然不顾丈夫的照顾，孩子的依恋，同事的安慰。她的天空阴云密布，痛苦写满了她年轻而美丽的脸，因此她也憔悴如黄花，让见者心碎。当时的她不会想到微笑还会与她结缘。然而一个月后，阳光又包围了她，她开始了自己灿烂的生活。

一次车祸夺走了他年轻的生命，相恋 6 年的未婚女友以头撞墙，在他的遗体边几次昏厥，剪断青丝来表白自己的痛苦，可是谁也无法接受现在依偎在新男友身边的她的阳光笑脸，但这却是事实，谁曾想到几个月前她还痛不欲生呢？

曾经因为迷醉于一段虚拟的感情而痛苦不已，为每天的不能相见而懊恼，夜夜的相思在啮噬自己的灵肉，可当一切灰飞烟灭时，才明白痛苦并不会永远地围绕着自己。

所以，我们要时时想着：**我还活着，这是多么幸福的事**！既然活着，最重要的是寻找到那片代表生命的绿洲，然后选一个高高的枝头，站在那里展望人生，消化生命中的痛苦与不幸，孕育美妙的歌喉，来博得世界的欢乐与掌声！

时光如梭，生命在悄然逝去。每个人的人生都会经历这样或者那样的痛苦，但请相信，痛苦并不是永恒的，请相信，终有一天快乐也会找上自己的。

 # 没有人可以剥夺你快乐的
权利，除非你自己

有一首叫《快乐颂》的歌是这样唱的："快乐其实也没有什么道理，快乐就是这么容易的东西。"既然快乐是这么简单的事情，可是为什么世界上还是有这么多的人不快乐呢？

记得我曾看到这样一句话："因为智慧所限，当我们被'绝望'、'悲观'笼罩时，我们会觉得这个世界是黑暗的，人生的前程是黑暗的……一般人处在这种状态中，会把原因归咎于环境、命运或者他人，认为自己是无辜的受害者。实际上这是一种颠倒。环境无所谓黑暗与光明，光明和黑暗都来自于我们的内心。如果我们的内心是光明的，无论身处何处，总能看到希望，相反如果我们内心是黑暗的，即使处在天堂，恐怕眼前也看不到光明……"

原来黑暗与光明来自我们的心灵。可是同样是人心，为何有痛苦与快乐的分别，这分别从何而来？

我相信人的天性是快乐向上的。当有一天，你发现自己深陷痛苦的泥淖不能自拔，或者你的家人和朋友每天抑郁寡欢，敏感暴躁，给你带来很多烦恼，你或许应该想到，是什么剥夺了你们快乐的权利。

曾经有人给我讲过这样一个故事：

记得有一回，我刚刚做完一份能挣些外快的工作回来，瑟缩着走在冬夜的街头。突然间一个小女人出现在了我的视野里，她看上去有四十开外，身高却只有十岁孩子一般大小。这时，我下意识地躲开了，我怕她是那种拉住人不放手的乞丐。可是，很快我发现自己错了。那个小女人每天穿行在人群中，并没有要拉住谁的意思，而是在做买卖。她并不吆喝，只

是蹒跚地走着，手中或是捏着几根皮筋，或是托着一捆鞋垫。这样一个女人，她竟然在自食其力！

再看看那些拖着孩子在大街上拦住行人乞讨的健壮的妇女，我忽然对这个女人生出些莫名的敬意。

每次看见她，我的目光总要追随她一阵。她的生意很冷清，偶尔有人光顾她的小摊，她也挣不了多钱。每次走在大街上，我都会下意识地寻找那个矮小的身影，不管看得见还是看不见她，我心中总是莫名地流动着一丝忧愁：这个小女人，她的心头会压着怎样沉重的石头呢？

这一回，她在卖瓜子。她的脚前放着一个不太大的编筐，手中拎着一杆小秤。然而，她没给我悲天悯人的机会，她拎着秤，正随着锣鼓的节奏怡然自得地扭动着腰肢！

就在那一刻，以往所有为她而产生的同情、难过和担忧不再成为我心灵的负担了。相反，我倒有些为自己难过，每天忙忙碌碌忙得都快不知为什么而忙了，无暇放松，也就无暇快乐。在这个弱小女人的面前，我忽然感觉到自己生命的苍白。

曾经有一段时间，由于工作的不顺心，我开始埋怨命运的不公平，整个人沉浸在一种低沉的情绪中，以为快乐与自己无缘。如今，这个小女人正释放着她生命的光芒照耀着我，她在无声地向自己诠释着一个简单的人生哲理：快乐是每个人的权利！没有人可以剥夺你快乐的权利，除非你自己。

是的，快乐是每个人与生俱来的权利，我们实在没有理由放弃它。人类作为高等生物来到人间，就是一件值得感恩的事情，更何况我们通过努力总能得到我们所向往的绝大部分的东西呢？即使有些东西我们暂时得不到或者永远也得不到，我们也应该让它成为心灵的负担，也许它本来就不应该属于我们。人不是太阳，不可能让地球围着自己转。但是，倘若你能以快乐的心态去面对生活，你的心中可能就拥有了一片晴空，装得下地球，也装得下太阳。

那些为事业暂时受挫或工资比别人低了一级而烦恼的人们，那些为自己的腰围胖了一公分或为眉型不理想而发愁的女孩们，看看这个坚强而乐观的小女人吧，你有什么权利不开心呢？

快乐是你的权利，你为什么要愚蠢地放弃它呢？

4

偷偷地去睡个懒觉

　　我们来到这个世界，不仅仅是为了享受生活的精彩，工作的快乐，成功的喜悦，还要品尝爱情的甜蜜，婚姻的温馨，亲情的恒久，友情的真诚……一个人，不管贫穷贵贱，只要快乐和幸福就好。我们一定要学会工作，更学会休息。疲倦时，不妨偷偷去睡个懒觉，让我们超载的身躯有一个可以休养生息的机会。

 # 适合自己的，才是最好的

在大千世界上，有谁甘愿度过平庸的一生？又有谁没有过美好的憧憬？人和动植物的区别就在于人有自己的理想，有实现这一理想的冲动。然而，当人实现这一理想的冲动受挫时，就会感到痛苦。在现实生活中，实现理想的人似乎并不多，这便让人误以为理想是不太容易实现的。

理想，说到底，就是对某一种人生的主观选择。客观的限制往往大于主观的努力，树立理想应该是合适的，否则只能是不切实际的妄想。

职场往往是我们成就梦想的舞台，选择一个适合自己的工作就显得特别重要。然而，有些时候，一些外界的因素比如薪水、荣誉、职位等等，总是误导我们脱离自己的轨道，从而做出一个错误的抉择。

李丽和刘林大学毕业后，一起到一家非常有名的广告公司应聘，可最终却因资历浅而落选。后来，她们只好进了一家毫不起眼的小广告公司。

上班后，她们惊喜地发现这家公司虽然很小，但是却有着很好的工作环境。公司的同事都非常热情，如果工作中遇到什么麻烦，大家都会尽心尽力地帮忙。老板待人也很和气，对于下属的广告设计从不多加指责，如有不同的意见，总是委婉地提出来。在这样一个轻松自由的环境中工作，李丽和刘林如鱼得水，才短短一年的时间，她们的才华便渐渐显露出来，不少的创意和设计都得到了业内人士的肯定。

俗话说"人怕出名"，自从两人在广告业有了些名气之后，便有一些大公司争着挖她们，当初淘汰她们的那家公司也在其中。李丽有点心动了，她想在那里自己的才华也许能得到更好施展，在工作上能够取得更好的成绩，便跳槽到了那家大公司。而刘林却不为所动，仍然留在了那家小公司，因为她始终觉得只有这里最适合自己。

　　李丽进入那家大公司后，很长一段时间都没有适应过来。这里的同事都是经过严格挑选的精英，既有资历又有经验，所以一个个都心高气傲，很难相处。而她的上司是一个既严肃又非常挑剔的人。每当李丽的工作有失误时，他总是当众指责，完全不顾及一个女孩子的自尊心。如果李丽提出不同的见解，他便会不耐烦地说："是我说了算还是你说了算？"弄得李丽非常尴尬。处在这样一个工作环境中，李丽很大一部分精力都用来琢磨怎样与上司以及同事搞好关系上，相对而言投入到工作中的精力就少了许多，所以她的工作并没有太大的起色。而这时仍一心一意在那家小公司工作的刘林却出人意料的取得了骄人的成绩，有好几个广告设计在全国获了大奖。

　　这个故事中，李丽在外界的诱惑下动心了，她满以为大公司也许更能施展自己的才华，却没有考虑到大公司人才济济，竞争极为激烈，而且人际关系复杂，就盲目地投奔大公司而去。结果呢？自己的工作并没有太大的起色。而刘林的做法就显得较为成熟一些，她依然脚踏实地地做着自己的工作，并不为大公司的优厚条件所动，最终取得了骄人的成绩。

　　不管是大公司还是小公司，主要看自己更适合什么。人类是欲望的动物，有时候总是"这山望着那山高"，他们总是不顾一切地去追求最好的东西，却往往忽略了自己千辛万苦追求的东西是否真正地适合自己。其实最好的未必就是最适合自己的，只有最适合自己的才是最好的。

 # 不要让自己活在梦中

命运也许不公，现实也许残酷，但事在人为，一切皆有可能！

很多时候，我们都在为自己营造一个虚幻的空间，然后在自己的空间里自由自在地活着。在那里没有痛苦，没有坎坷，没有挫折，一切都按我们的意愿在进行着。在那里我们可以随心所欲地发泄着自己内心的情感，不需顾及其他。在那里每个人都是自己所幻想出来的主角，他们按照自己的需要上演着一出人间的戏剧。在那里，我们幻想着自己会中个彩票大奖，幻想着自己会很有前途，幻想着比我条件好的女孩会喜欢我，幻想着领导会提拔我，幻想着自己会变成名人……然而，现实是残酷的，我们每个人都必须勇敢地去面对现实。

每个人都有自己的生活环境，都有自己的生存空间。每个人都头顶一片蓝天，脚踏一片土地，同享阳光普照，同吸自然空气，这一点上帝对于每个人都是公平的。人与人之间又有所不同，有的升官，有的发财，有的下岗，有的分流，有的富足，有的贫困……这一点似乎又是不公平的。

现实是非常复杂的。它确与自己的出身，与生长的环境，与接受的教育，与自己的生活道路有关，它还与自己的智慧，自己的学识，自己的努力，自己的拼搏，自己的奋斗，自己的抗争有关。然而，不管你面对的怎样一个复杂的现实，你都应该欣然地去接纳它。

命运也许不公，但是它是可塑的；环境即便不佳，但它是可变的；现实尽管不顺，但它是可改的，所谓事在人为，即是如此。

现实是残酷的，它完全打破了我们在梦里憧憬的美好情景，它把人生最本真的面目展示给我们，它无情地淘汰弱者，但它却又热情地钟爱强者。

　　现实是每个人都要面对的问题，每个人都要努力地读懂它，并且深刻地体会到它的内涵。能够正确面对现实，是心理健康的表现。当你真正地鼓起勇气直面生活时，也许就不会生活在幻美的梦里了。梦是美丽的，可是梦醒时分却是无比痛苦的。

　　面对现实，就是丢下不切实际的幻想，树立切实可行的目标，然后脚踏实地，一步一个脚印地朝着梦想前进。当你的世界里充满了灿烂的阳光、美丽的鲜花、温和的春风，请不要兴高采烈，不要忘乎所以，不要骄傲自满，不要趾高气扬，你能拥有你美好的现实，你更能保持你的美好的现实，才是你的本领、你的真正的幸福。当你的世界里阴云密布，杂草丛生，甚至狂风暴雨时，请不要怨天尤人，请不要垂头丧气，尽自己的所能改变它，改造它，改革它，努力闯出一片崭新的天地、走出一条崭新的道路、开创一番崭新的事业，相信，命运一定会赠给你一个美好的未来。

 # 不要在意他人的批评

　　人活在这个世界上更多的时候是在为自己而活，所以，我们不必太在意他人的批评，不必担心自己思维与别人的偏差，请相信自己的眼睛，请相信自己的判断。用你敏锐的视线去观察这个世界，用你善感的心去聆听、抚摸这个多彩的人生，给自己一个与众不同的回答。

　　有一位画家，想画出一幅人人都喜欢的画。经过几个月的辛苦创作，他终于画出了一张自己比较满意的画。白天的时候，他把画挂在街上，请求路人指出画中不完美的地方。晚上，他将画取回时，发现整个画面都涂满了记号——没有一笔一画不被指责，画家心中十分不快，对这次尝试深感失望。

　　画家决定换一种方法再去试试，于是他又摹了一张同样的画拿到市场上展出。这一次，他要求每一拉欣赏者将其最为欣赏的妙笔都标止记号。晚上，画家取回画时惊喜地发现整个画面也都被涂满了记号。

　　最后，画家不无感慨地说："我现在终于明白了，无论自己做什么，只要使一部分人满意就足够了，因为，在有些人看来是丑的东西，在另一些人的眼里则恰恰是美好的。"

　　每个人对人生和世界都有着不同看法，如果太过在意别人的眼光和标准，那么就很容易失去真实的自己。

　　一千个人眼中就有一千个哈姆莱特，有一千个对哈姆莱特悲剧命运的哀伤，对"宇宙的精灵，万物的灵长"的赞叹。四个不同的几何图形，有人看出了圆的光滑无棱，有人看出了三角形的直线组成，有人看出了不对称图形独勇的美，有人看出了半圆的方圆兼济；同是交战赤壁，苏武高歌"雄姿英发，羽扇纶巾谈笑间樯橹灰飞烟灭"，杜牧却低吟"东风不与周郎

便，铜雀春深锁二乔"；同是"难解其中味"的《红楼梦》，有人看到封建制度即将走向误亡的命运，而有人却看到了宝黛的深情……测量一栋大楼的高度，有人利用太阳下的阴影，通过三角函数的关系简单算出；有人用气压计，从楼底到楼顶，通过气压变化来计算；有人用绳子与楼房比较，然后测绳子长度；也有人询问楼房管理员……

"横看成岭侧成峰，远近高低各不同。"生活是一个多棱镜，总是以它变幻莫测的每一面反照生活中的每一个人。问题的出现是一个起点，问题的解决则是终点，过程则是多样的，认识事物的角度、深度不同，解决问题的方法自然不相同。这就是哲学上常说的，有什么样的世界观，便会有什么样的方法论。

但丁说："走自己的路，让别人说去吧。"

爱默生说："要成为一名顶天立地的男子汉，就不能随波逐流。"

成为自己想成为的人，做自己认为对的事，无论成败与否，你都会获得一种无与伦比的成就感和自我归属感。

当一个人有了独立的性格，勇敢地成为自己时，他便具有了发现自己一生的优势的可能。具有独立性格的人，一般都不会活在他人的眼光中，一般都不会太在意他人的批评，他们只是沿着自己预先划好的轨道一步步地前进着，他们只是为了让生活更精彩而活着。只有这样，人才能成为命运的主人，只有这样，人才能拥有一个快乐而充实的生活。

行走在人生大道之上，你可以听取别人的意见，接受别人的帮助，但是你千万要记住的一点便是：**自己才是命运的主角，人要为自己而活着！绝不能人云亦云，绝不能盲目地苟同他人。**

尽你最大的努力做好自己应该做的事情，这个时候，你就会觉得自己是无愧于人的，你就会知道自己能够做些什么，你就可以大胆地去实现自己的目标，而不用在意别人的看法和眼光，勇敢的心再也不会惧怕他人的批评。每个都可以选择自己喜欢的生活，做自己喜欢的事情。

生命是短暂的，为了不让自己觉得遗憾，做一个独特的自己就显得非常重要了。你不必将缺点或弱点暴露在你所处的社会中，但是懂慎之余，也许你会过分在乎别人的存在。如果始终怀疑别人是否会在背后批评你，因此不敢相信朋友和社会大众，这也是一件令人遗憾的事。

　　不要过分地在意他人的言论，毕竟在这个世界上你只有一个，而别人却有无数。如果你做什么都要考虑到别人的看法，那么必将身心俱疲。所以，还是让自己洒脱一点，走自己的路好了。

　　世界是多姿多彩的，每个人正是因为自己的独特而显得与众不同。当你勇敢地活出自我的风采时，你便是这个世界最幸福的人，也是最成功的人。因为你超越了他人，无愧于自己，因为你活得更真实、更坦荡。

从别人的误解中走出来

在生活中，我们每个人都有被人误解的时候。面对别人的误解，最需要的就是抱有一颗平常心。有时候，你不妨站在对方的角度上想一想，也许你就会理解别人的难处了。其实，只要你坚信自己是正确的，对方总有一天会明白过来。所以对待别人的误解，应该用宽容大度去包容与理解。

有这样一个故事：

班长的刮胡刀不见了，找了半天也没有找到。也巧，当天战士小许下岗回班路过服务社时，顺便买了一把与班长丢的那把差不多的刮胡刀。同班战士看到后，马上将小许有一把与班长相同刮胡刀的情况讲给班里的战友，让人觉得好像是小许偷了班长的刮胡刀。面对大家的窃窃私语，小许心里十分委屈，想找班长和战友解释。但是一面对大家，小许就满脸涨红，那样子真像是偷了东西一样。结果，大家越发怀疑他。小许因为羞于解释澄清事实，便自我安慰，不说也罢，真相总有一天会大白。

在人与人的交往之中，难免会出现这样或那样的误会，比如大家对小许的误会。小许的苦闷不能得到消解，问题就在于他不能和战友、班长进行有效地沟通。从心理学上讲，这是由于沟通障碍造成的。现代社会是一个信息化社会，沟通变得越来越重要。如果不能及时清除沟通障碍，势必会带来一些不必要的麻烦。其实，如果小王能够主动敞开心扉，加强与战友之间的沟通，误会是完全可以避免的。

面对他人的误解需要注意以下几点：

1. 对他人的缺点、过失与错误不予追究；

2. 对他人的误解做到泰然处之，通情达理；

3. 不要强求对方理解自己，对他人要有耐心，力求以情感人、以理服人；

4. 不能因为别人误解你而怀恨在心，要在生活中以诚交心，学会忍让。

人都生活在大千世界里，难免会发生这样那样的误会，但只要我们以诚相待，相信会促进彼此沟通，避免和消除误解。

一个人如果想成就一番事业，除了种种努力之外，还必须拥有博大的胸怀。人生活在社会的群体之中，在与人交往中，难免会有误解。这就要求我们在为人处世时做到宽容、谅解、忍让、克制。唯宽可以容人，唯厚可以载物。雨果说过，"世界上最宽阔的是海洋，比海洋更宽阔的是天空，比天空更宽阔的是人的胸怀。"宽容是人际关系的润滑剂。

 # 最关注你的人永远是你自己

　　很多人都活在别人的眼光里，太在意别人对自己的评价，太在意自己的行为对别人产生的影响，无论这些"别人"是谁，他都活得很虚荣，活得很累。其实，根本就没有必要这么在意，毕竟，我们是为自己而活着，而不是为着别人而活着；毕竟，别人只是自己生活的陪衬，他们也只是在闲暇之际匆匆瞄上你一眼，然后便很快将你遗忘掉，而自己才是那个最关注自己的人，自己的喜怒哀乐只有自己最为在意。

　　静下心来仔细想想，有多少人值得我们那么在意呢？为什么我在应该拒绝的时候不好意思说"不"呢？用换位思考的角度考虑一下，我们在意他人感受的同时，他人可否在意过我们的感受？有谁以偏离自己的真正意图做事，换来别人的认同？而这些所谓的"别人"真的是我们最应该在意的吗？

　　很多时候把别人的挑剔看成是对自己的否定，而有意或无意地去改变自己。其实，每个人站的角度不同，出发点不同，所得出的结论自然也就不太一样。但不论如何，一个人一定要有自己的主张，别人的看法是对的自然就去听，如果是错的就没有必要去管他了。人一旦没有个性，也就像墙上的芦苇，风吹两边倒，没有自己的主心骨了。

　　在现实中，当遇到问题时，总会有许多人站出来指指点点，七嘴八舌。有的说这样做才是正确的，有的说那样才行。**但作为当事人，千万不要被别人所左右，永远要记住，决定权在自己手中，别人的意见只是用来参考。**

　　有时对于别人的要求，尽管自己不喜欢，不愿意，但还是会答应。甚至有时候不知道怎么拒绝别人，就算拒绝了，又怕别人会不高兴。所以，

就只能委屈自己而答应别人了。

为什么要这么在意别人呢？不想让别人不高兴，可是别人高兴了自己却不高兴不舒服啊，一直委屈自己，如果别人知道了，会开心吗？这种委屈自己而让朋友高兴的方式，是真正的朋友所想要的吗？不要再委屈自己了！不要太介意别人的感受，自己问心无愧就好。

很多女人，自以为牺牲奉献可以让浪子男友改变，也认为自己的委屈顺从能够让男友良心发现。殊不知，这只是让对方更瞧不起你，更加的为所欲为。

一个人倘若不能独立自主，只是将自己依附在别人身上，这样所失去的肯定比得到的多上许多。

人活在世上并不是一味地活给别人看，人活着的价值也并不是每个方面都要得到别人的赞同和认可。我们大可不必用别人所欣赏的方式来改变自己，从而去迎合别人的眼光，也并不刻意的粉装雕饰自己去弥合自己在别人眼中的某些缺陷。

人活着当然要使自己不断完善不断地走向完美，但一个人真正要活得使别人无可挑剔是不可能的，也是不现实的。人无完人，金无足赤。每个人都有其缺陷。璧有微瑕，并不影响它的价值与美丽。那我们为什么不能容忍一些无所谓的"小疵呢"？我们为什么要去在意别人无所谓的挑剔呢。

永远要记住，不管别人怎么说，走自己的路，不要活在别人的眼光里，要做回真正的自己。永远要记住，这个世界上那个最关注你的人是自己。

# 攀比心理害死人

随着经济的日益发展，人与人之间的差距似乎也在拉大，于是有的人就处处与人攀比，有的人就想方设法让自己比别人强。适度的攀比是有利于人类社会的发展的，然而过分地与人攀比则是一种病态的心理，长久下去对自身和社会都是有害而无益的。

小芬在某广告公司做销售经理，收入可观，她在穿衣打扮上很讲究，用的都是名牌化妆品。所以，每个月日子过得很紧张，手头也没什么积蓄。小芬表示，每逢看到好看衣服或者同事买了名牌化妆品，自己总有一种克制不了的冲动。小芬说："我就想立刻买回来，哪怕这个月没钱吃饭，也在所不惜。我不能穿得没别人好，那样会被人家看不起的！"

小芬的收入可观，自然会产生一种优越感，与人相处时容易产生自傲，攀比心态较重。这种攀比心理是一种病态的心理，对自己的身心都是不利的。虽然物质上和面子上都得到了满足，但是却形成了消费压力。时间久了，就会使人变得紧张、焦虑等。

一位来自农村的朋友说，大一时，半学期的生活费是500元，几乎全都花在食堂里了；到大二时，开始适应了大学生活，再也不愿当"乡巴佬"，花样繁多的衣服鞋子，该买的都得买，"一个都不能少"，每半学期起码得1000元；如今大三了，时刻想着要打扮得有个"人模人样"，吃、喝、穿、用无论哪样也不能低人一等，每半学期挥霍近1500元，仍在大叫经济危机。大学生活陷入如此怪圈，是什么原因呢？其实不难想象：今天张三买了一双100元的鞋，李四若只买30元一双的，就显得太寒碜了，是要遭人笑话的，昨天王五请赵六吃了一顿火锅，后天赵六就不得不回请一顿，否则就会被人说成是小家子气，不够朋友，甚至起个绰号叫他"守财

奴"。所以，一切的一切，都是盲目攀比的结果。

盲目攀比可不是什么好事情，它对我们的生活有着极其严重的危害。

1. 盲目攀比使得在家中务农的父母不堪重负。大多数的农民仍然依靠种些粮食，喂几只鸡鸭，打一点临时短工来维持油盐酱醋等基本生活费用。一年四季忙于耕种收割的父母往往几个月都舍不得吃一次肉，一年才换一次新衣，一分一角地积攒下来供我们读书花费。

2. 盲目的攀比使我们丢掉了勤俭节约的优良传统。有人酗酒，却说是"拉动内需"，利国利民；有人熏烟，美其名曰"以税收的形式支援国家建设"；有人常出入酒吧舞厅，自解说是"结交朋友加强交际"的需要。实际上都是自欺欺人。

3. 专心于生活上的攀比必然导致学业、工作上的荒废。有些学生经受不住城市奢华生活的诱惑，开始追求物质上奢华的享受，经常逃课在外跟一群狐朋狗友混在一起。"学习无用"的荒谬理论也开始在心中滋生，最后必然不学无术、走上歧途。不仅无益于国家社会，还可能违法犯罪、危害人民。

4. 盲目攀比让我们丢弃了远大的抱负，崇高的理想。过度的生活上的享受使人腐化变质，消磨人的意志。当我们痴迷于在物质上跟别人比个高下的时候，当初的远大抱负、崇高理想就会被抛在脑后，因而大叫"郁闷"，变得麻木，看不到前途的所在。

5. 盲目攀比让人的精神变得越来越焦虑不安。人总是在追求一些虚幻的东西，在现实的生活迷失了自我，随着攀比心的增强，自身的经济压力越来越大，精神也会备受折磨。为求达到目的，甚至会铤而走险，最后抱憾终身。

攀比心理使人的思想发生了一些变化，有时候人为了面子与虚荣，追求一些不切实际的事物，这样就给自己造成了压力。有首歌唱得好：外面的世界很精彩，外面的世界也很无奈。其实，**每个人应该根据自己的实际情况，踏踏实实地生活。面对来自外界的刺激，我们要学会及时调整自己的心态，让自己保持冷静与清醒的头脑。放下盲目攀比的心理，使自己在健康的环境下快乐地成长。**

用别人的标准衡量自己,
就像穿了小鞋走路

在现实生活中,总有一些人喜欢用别人的标准来衡量自己,当发现自己不如别人时,便会心理不平衡,进而苛刻地要求自己一步步地接近这个标准。殊不知这种做法是非常不可取的。毕竟,别人的标准未必适合自己,这就如同穿了只小鞋,怎么着都不会舒服一样!

老陈在年轻的时候,就在县机关里上班。那时,他和他的一位同学都是从机关的基层干起,可是没过几年,人家就被调到市里去了,后来又一路顺风地到了省里。

可是老陈呢,他在那个位子上一待就是20年,从年纪轻轻眼看熬到了斑斑白发,却还只是个小公务员。他想起和自己同时毕业的那位同学如今已经是省里的领导了,心里就嫉妒得发狂。想当初在学校的时候,自己门门功课都比他好。再想想俩人天壤之别的今日,老陈就极为憋气。

有一天下班,他心情不好就去了一家餐馆,一个人在那里喝闷酒。因为人多,有人就坐在了他的对面,看他闷闷不乐,就搭讪问他:"看您心情不好,为啥事发愁呢?"

老陈叹了一口气说:"你不知道,我这辈子真够倒霉的,我在机关里熬了20年了,如今还在原地踏步。可是和我一起毕业的同学早就爬到省机关了,你说我怎么这么命苦呢?他有什么能耐?他凭什么就受重用?不就是嘴巴甜一点吗?"

在这个故事中,老陈看到并不比自己优秀的同学却步步高升,而自己却没有任何进步,产生了严重的心理不平衡。试想一想,如果他没有同他的同学相对比,即便不能升官,他也不至于如此斤斤计较,也不会如此的失落。说到底,这是老陈在拿别人的标准衡量自己,要求自己,这就如同穿了一双不合脚的小鞋，越往前走越觉得不舒服，如果还一味地硬要往下走的话，那么就会更大的痛苦在等着自己呢！

你应该清楚地知道自己是独一无二的，你不"像"任何一个人，也无法变得"像"某一个人，也没有人要你"像"某一个人。

上帝并没有按一个标准去造人，他使人类有个独特之分，有高矮、大小、肥瘦、黑白、红黄之别，他并不偏好某个大小、形状与肤色。有一次林肯说："上帝一定爱普通人，因为他造了许许多多。"这句话错了，并没有所谓的"普通人"，人没有所谓"高级"或"普通"的格式。如果他说："上帝一定不爱普通的人，因为他造了许许多多。"这句话或许更接近事实。

请不要拿别人的标准来衡量自己，因为你是你自己，而不是别人；同样的，别人也不应该用你的标准来衡量他们自己。当你真正地明白了这个道理时，你内心深处不如人的自卑感就会消失得无影无踪。

不要过分地关心别人的想法，更不要为了迎合别人而委屈了自己。别人的永远都是别人的，只有自己的才是自己的。这个世界上，唯有合脚的鞋子穿起来才会舒服，才能跑得更快一点。

打破"限制"，拥抱无边幸福

有科学研究表明：一般人的一生对自己潜能的使用率只有2%左右，即使是杰出如爱因斯坦也才利用了自己10%的潜能。所以，从科学的角度来看，我们的绝大部分能力还处于一种沉睡的状态未被开发出来。

请问一下自己：我对现在的自己感到满意吗？既然自己还有这么多未加以开发的潜能，为什么不能做得更好呢？为什么不能让自己的人生因此而更加幸福呢？不管是因为什么样的原因，不去争取自己的发展，满足于现状，停滞不前，都是非常懦弱和愚蠢的事情。

老工人曾经对弗兰里这样说："你现在做了添加煤炭的工人，就以为自己是发财了吗？但是我老实告诉你吧！你在现在这个位置要做上四五年以后，才会升为月薪100美元左右的火车司机；如果你幸运地不被开除的话，就可以安然地做一生的司机！"

弗里兰听了，生气地告诉老工人："你以为我做了司机就满足了吗？我的目标是做铁路公司的总经理！"此时，他还只是一个在一辆三等火车上的司炉工，月薪只有40美元。

弗兰里并没有因为可以得到一个安稳的工作、终其一生而洋洋得意，他反而觉得这是对自己能力的低估，觉得最好的自己远远不是这个样子的。

朝着一个既定的目标，一步步地努力，最终弗里兰成为美国大都会电车公司的总经理。

"知足者常乐"这句话确实有一定的道理，然而有时候它也会成为阻挡我们前进道路的绊脚石。其实，不满足于现有的生活，相信自己会做得更好，才能取得更大的发展。成功永远都属于那些积极进取而永远不会满足的人。

在我们的生活中，不管你有着怎样的目标，你都要不断地要求自己把它做得更好。也就是说，你自己的发展和对自己能力的期望是不应该有界限的。即使能力是有限的，但不断向前，"向上爬"。做最出色的自己，打破限制，每天都对他人微笑一下，工作上少出一点错，改进一点人际关系，多认识一些客户，多做一些有意义的事情。

人是需要一点理想的，人是要敢于树立这样的目标：我要成为主管、经理和老总。不管你目前的职位有多低，仍然应该勇敢地告诉自己："我不仅仅是这个水平，我的职位应在更高处。"当你有了梦想时，还得下定决心，并且竭尽全力地为之坚持到底。

"不想当元帅的士兵，就不是一个好士兵"。进取心对一个人来说是非常重要的。这种态度影响着你对自己的评价和你对未来的期望。如果你的态度是消极而狭隘的，那么，你注定了平庸地度地自己的一生。你必须以高于普通人的眼光来看待自己，否则，你将永远只是一个小职员。

你必须相信自己能够得到一个更高的职位，并且不断地促使自己去实现它，否则，不去努力天上自然不会掉下馅饼来。不要对自己的能力抱有怀疑的态度，那样只会削弱自己的决心。**其实，只要你不断地想象着未来的样子，并且一步步地去努力，那么梦想将不会太遥远，那么你的人生将会永远幸福快乐。然而我们也不能好高骛远，不切实际盲目追求，从大处着眼，从小处着手，只有以一个平常的心态，脚踏实地扎实做好每一步工作才能最终走向成功！**

5

给自己一个坏心情"橡皮擦"

　　人生有时就像钢琴，你不可能只触黑键不碰白键就能奏出美妙的音乐。所以，真正精彩的人生，就好比经典的围棋棋局，黑白交错，互相交错渗透。几十年的光阴，说长也不长，说短也不短，人人却难以避免会不时遭遇坏心情的来袭。为自己准备一个小小的坏心情"橡皮擦"，主动地把阴暗情绪屏蔽掉是一个善待自己的最好方法。愿你多年之后，尝过痛苦也享受过快乐，并且悟出一些人生真道理：知足知不足，有为有弗为。

善待自己的人最幸福

冥冥之中，每个人都在寻找着生命里的救命稻草。其实，那根救命的稻草不是别人，而是自己，毕竟这个世界上最靠得住的人只有自己。人，一定要懂得善待自己，如果自己都不对自己好一点，还能指望别人对自己好一点吗？

然而，在我们的现实生活中，人往往习惯于向他人索取爱，或者为他人奉献自己的爱，却很少有人意识到：自己也应该爱自己一点点。

训练班上有个女学员，她的丈夫是位成功的律师，有野心，做事积极，也相当独裁。这对夫妇的社交圈子当然是以丈夫的朋友为主，他们大都以声望和外在成就来衡量别人。这位太太非常文静、谦逊，这样的生活环境使她觉得自己十分渺小，自己的才华也不能得以施展；而她所具有的品质，也常常被忽略、被藐视，因此，她渐渐就对自己失去了信心，也为自己不能达到别人的期望而痛苦不堪。她不喜欢自己。

这位太太并不是不能适应环境，而是不能适应自己。她不能愉快地接受真实的自己，而总是希望自己能够变成一个完全不同的人。然而，她并不明白：每个人在生活中都有一定的作用，这种作用是通过自己的个性表现出来的，而不是有意地去模仿他人。其实，她之所以不开心、不快乐完全是因为用别人的标准来要求自己。

有一对相爱的夫妻，共同生活了几十年。有一次，因为一些小事情和丈夫生了气，于是就跑出去给自己买了一个很大的订婚戒指。其实，这种放任行为完全不是她的作风。她有一枚朴素的结婚金戒指，自从与他结婚以来就一直戴着。那次买了钻戒后，她对自己的女儿说："我想要，就买了。"买了以后却很少戴它。后来，有一次生病时她就把它卖了。其实，她在乎的不是那枚戒指，但戒指所代表的却极其耐人寻味——那是少有的她决定自我疼惜一下的时候。

当代社会，竞争日益加剧，人们的生存也越来越小，只许成功不许失败的心态给心灵带来越来越沉重的压力，即使成功的花环上点缀了少许的失败，也挥之不去。就这样，人总是在失败的时候追悔自己，在成功的时候苛求自己，久而久之，自己就会身心疲惫，从而无法保持一个良好的心态和充沛精力去面对更大的挑战。其实，在生活的道路上，我们必须要学会善待自己。

善待自己，就是在失败的时候能够给自己一些鼓励，为自己找一些善意的借口，让自己走出痛苦的深渊，从而振作精神迎接下一次胜利。

善待自己，就是尽量设身处地地去为他人着想，理解他人的难处，不致使自己受到一点点委屈就怨天怨地，甚至产生仇恨心理。这样，既虐待了别人，也伤害了自己。

善待自己，就是面对自己的缺陷与不足，能够坦然地正确对待，而不是因此而产生自卑心理，从而失去奋进的动力。一定要告诉自己："天生我材必有用！"相信自己也会有实现梦想的一天。

当然，善待自己，绝不是姑息和放纵自己，而是让我们自己能够更加正确地认识自我，而是为了让自己在挫折面前不失去信心，在失败面前依然能够坦然改正并继续努力。

善待自己，绝不是放弃竞争，更不是逃避责任。它只是要我们在激烈的竞争中依然能够保持冷静的心态，它只是要我们能够正确地看待自己的失误，总结教训，然后再继续战斗。

你懂得善待自己吗？如果答案是否定的，那么请从现在开始善待自己吧！尽量不去想一些不开心的事情，毕竟过去的已经过去了，又何必死缠硬打放不下呢？对于高兴的事情，也不要过分狂喜，记住"物极必反，乐极生悲"的道理。

在我们的生命里，总要经历这样那样的挫折，只有善待自己，才能让自己一步步地走出艰难的处境，从而获得美好的人生。人生就是一场戏，自己的戏当然是由自己来主演的，而最幸福的根源便是——善待自己。

# 幸福从接受自己开始

当一个人能真正从根本上接受自己、喜欢自己时，他才能过上充实而**幸福的生活，才能与周围的人保持良好的关系**。相反，如果一个人错误地认识或低估了自己，给自己带来的将是心理上的巨大伤害；如果一个人怀疑自己、甚至否定自己，那么生活中的一切都将受到负面的影响。

你对自身价值的认识与评估，是取决于你对自己的看法的。不自信的人总是在心里一个劲儿地掠夺着自己的信心。不管走到哪里，自卑总是如影随形地跟着自己。无论我们对生活感到幸福还是不幸，我们在个人职业生涯中是成功还是失败，我们的日子是丰富充实还是乏新可陈，我们面对困难时是迎头直上还是不战先败，我们对未来是充满勇气还是停止前进，我们与他人的关系是融洽和谐还是睚眦必报，我们对其他人是充满爱心还是满怀憎恨……这一切都取决于我们自己。

我们内心的那个声音，他时刻准备着抓住我们的失误和弱点，然后马上作出最为严厉的批评，让我们背负令人痛苦的情绪，觉得自己一无是处。我们脑海中那个不断折磨着我们的声音总是让我们的心伤痕累累，摧毁着我们的自信。

如果你能抛开这个声音，或让它转变为一个积极的、振奋人心的声音，那么你就有了创造自己幸福和充实生活的前提，你将有充足的自信，去实现人生中的梦想。

在一般情况下，那些拥有自信的人，都会接受自己，他们绝不会一有机会就用伤人的话责备自己。他们认为自己是值得爱的、有用的，因为他们认为自己有价值，所以不管他们有多少弱点、犯过多少错，也不管别人怎么看他们。

你可能会觉得，喜欢自己是自大、自恋、自负和极度自私的表现，如果自己达不到完美，就更是如此。其实，喜欢自己是非常理所当然的。试想一下，如果我们连自己都无法忍受，总是对自己评头论足，那我们对自己的感觉必然是不见天日的。由此我们势必成为自己的负担，甚至也会成为他人的包袱。

真正的喜欢自己并不意味着虚荣和自夸，也不意味着一定要把自己当作世界的中心，而把其他人当作二、三流的。喜欢自己不是指不带任何批判色彩地看待自己，无视自己的任何错误和缺陷。喜欢自己意味着能直面自己的所有错误和缺点，是好是坏是对是错都无条件地接受作为人的自己，并对自己保持正面、热情的感觉，这样才能不断地完善自我，超越自我。

如果我们不爱自己，那就需要另一个人告诉我们，我们值得爱。期望从他人那里得到肯定和重视，往往是缺乏自信的人选择伴侣的动机。如果我们不喜欢自己，那么从根本上说让我们感兴趣的就压根不是另一个人或他的独特个性。我们感兴趣的只是他能给予我们什么，我们爱这个人仅仅只是为了得到他的爱和重视。我们错误地以为别人的爱能证明自己是值得爱的。但这大错特错。一旦我们失去了对方的爱，我们会感觉自己毫无价值。我们认为自己有价值的唯一前提，是别人给予我们这种感觉。如果有一天他离开的话，我们就会觉得自己的价值也不复存在了，剩下的只有一无所有的自己了。

倘若我们没有充实的生活并且感到自己毫无价值，便无法真正地爱自己的伴侣和身边的人。我们只能给予别人自己已经拥有的东西。一个缺乏自爱的人只会永远把自己放在第一位。只有通过爱自己，我们才能获得爱别人的能力，只有内心有爱的人，才能为他人付出自己的爱。如果一个人爱自己，那么他自然而然地会把这份爱传递下去。没有对自己的爱，就不可能有对他们的真正的爱，也不可能有人与人之间的和谐。如果你真心想与他人融洽相处，那就先爱自己。这是你能献给周围人和自己的最好礼物。

如果我们能够真正地接受并不完美的自己，尽管我们有弱点，会犯错，我们也将通过不断努力变得更满意、更成功、更强大和更聪明。如果我们相信自己，看得到自己的长处，那么我们便拥有了实现梦想的自信，我们就能更好地面对生命中的挫折。我们将散发出独特的魅力，以开阔的胸襟面对其他人，并且走近他们，交出自己的心。同时，我们也能够充分地挖掘自己潜在的天赋和能力！

在我们的周围，有一些坐轮椅的残疾人或外貌远远谈不上漂亮的人，他们不仅学会了带着自己的缺陷生活，还学会了接受不完美的自己。他们通过不懈的努力，学会了不以生理上的不足为依据来衡量自己的价值。他们对生活充满热情，平静地接受自身的缺陷，仿佛自己和正常人没什么两样。这些人学会了接受自己，尽管这个自己并不完美。他们学会了不让生理上的缺陷降低自己的人生价值。他们学会了不太在意自己的不足，他们把目光投向远方，专注于自己的长处。

他们学会了把自己作为人的价值和自己的外表区别开，他们知道，重要的不是外在，而是内在。有残缺的身体并不妨碍他们感受生活中的喜悦和快乐。

请坦然地接受自己吧，相信自己是很有价值的。有了这份自信，你就有勇气去争取达到更高的人生目标，你就有可能创造出自己的幸福生活来。

不要和自己过不去

　　人有很多东西值得去追求，但是千万不要和自己过不去，要按自己的意志去做你想做的事，爱你想爱的人，成就你想成就的事业，这样的人生方没有遗憾。

　　人生有时就像钢琴，你不可能只触黑键不碰白键就能奏出美妙的音乐。所以，真正精彩的人生，就好比经典的围棋棋局，黑白交错，互相打入互相侵削，互相渗透。在几十年的光阴之中，说长也不长，说短也不短，人们都尝过痛苦也享受过快乐，并且悟出了一些道理：知足知不足，有为有弗为。

　　坦率地说，每个人的能力其实高低都差不了多少的。成功是靠毅力得来的。这世上有太多美丽的诱惑。因此，终生踏踏实实地追求一个人生目标，就成了一件非常困难的事情。特别是在今天，选择的机会就像满天的星斗一样。这当然是好事让社会充满了竞争和选择的活力。然而，太多的机会又何尝不是一个美丽的陷阱呢？它们分散了我们的注意力，迷醉了我们的心灵，也使人有了更多一事无成的可能。

　　生命是一张上帝签发给我们并且份额早已填好的支票，就看你怎样去用。不要跟自己过不去，其实，我们应该感谢生命，珍惜生命。人生旅途，应该为他人、为社会、为自己尽些心力。让别人觉得你不是可有可无的人，生命才会更加有意义。一定要牢牢记住：宽恕自己，才能把犯错与自责的逆风，化为成功的推动力。

　　如果你仔细观察一下，就一定会发现，在宁静的生活中，大多数人都是亲切的，富有爱心的，充满宽容的。如果你犯了错误，并且真诚地请求他人原谅时，绝大多数人不仅会原谅你，他们还会把这事儿忘得一干二净，使你再次面对他们时一点愧疚感也没有。

不论人种、地域、民族，我们都会一视同仁，我们都会用同样的态度来对待别人。

可能有人会怀疑："人类不都是自私的吗？怎么可能严于律己宽以待人？"人总是会很容易原谅自己，不过这只是表面上的饶恕而已，在深层的思维里，我们一定会不断反复地自责。你可以回想一下自己有没有犯过严重的错误，如果想得出来的话，那你一定仍在耿耿于怀，并没真正忘了它。表面上你是原谅了自己，实际上你是将自责收进了潜意识里。我们可以对他人这么宽大，难道就不可以这样宽容地对待自身吗？

的确，我们是犯了错。但是人非圣贤，谁能无过呢？过错只代表我们也只是平常人，不代表就应该承受地狱般的折磨。我们唯一能做的只是正视这种错误的存有，在错误中不断地学习，以确保未来不会发生同样的憾事，接下来就应该获得绝对的宽恕，然后就得把它给忘了，继续往前行进。

人的一生会犯很多错误，但是如果对做错的每一件事都深深地自责，那心灵的负疚感就会越来越多，身上背的无形的压力就会越来越沉，这样的状况下，又怎么可能让自己轻松地去创造幸福，走向成功？

犯错对任何人而言，都不是一件快乐的事情。一个人遭受打击的时候，难免会格外消沉。在那一段灰色的日子里，你会觉得自己就像一个失败的选手，被那重重的一拳击倒在地上头昏眼花满耳都是观众的嘲笑满心都是惨败的感觉。那时，你会觉得自己已经不能再爬起来了，但是你还是会爬起来的。不管是在裁判数到十之前，还是之后。而且，你还会慢慢恢复体力，平复创伤，你的眼睛会再度张开，看见光明的前途。

静下心来仔细地想一想，生活中的许多事情并不是我们的能力不强，恰恰是因为我们的愿望不切实际。我们要相信自己具有做种种事情的才能。当然相信自己并不是强求自己去做一些力不能及的事情。世间任何事情都有一个属于它自己的限度，如果超过了这个限度的话，就有好多事情都可能是极其荒谬的。我们应该经常肯定自己，并且尽力发展自己能够发展的东西，尽力这是最主要的，要用一种积极的态度朝着更高的目标迈进，我们的心中才会保存一分悠然自得。从而就不会再和自己过不去了、责备、怨恨自己了，毕竟我们已经为自己的目标尽力了。即便在生命结束的时候我们也能问心无愧的说"我已经尽了最大的努力"。

所以，凡事别跟自己过不去，要知道，"金无赤金，人无完人"，我们每个人都有或这或那的缺陷，世界上没有完美的人，只因为不完美，我们才都是这世上独一无二的！美神维纳斯的一条断臂如果补上，那她还能给人震撼的美的感觉吗？这样想来，不是为自己开脱，而是使心灵不会被一些无聊的欲望挤压的支离破碎，永远保持对生活的美好认识和执著追求。

在生活中，总有一些喜欢和自己过不去：事情完美就高兴；事情不合心愿，痛苦就层出不穷。要知道生活中没有绝对完美的事。记得一位名人说过："同一件事．想得开是天堂，想不开是地狱。"既然如此，又何必自己跟自己过不去呢？

记得一篇文章有这样几句话："生命，总是在挫折和磨难中茁壮；思想总是在徘徊和失意中成熟；意志，总是在残酷和无情中坚强。"范缜曾用一树之花这样比喻人生："同发一枝俱开一带，随风而逝后，则景况不一，有的坠于茵席之上，有的落人粪厕之中。贵贱虽复殊途，则因果竟在何处呢，"所以不管我们经历了什么样的人生打击，蒙受了怎样的委屈，遭遇了怎样不该遭遇的挫折，我们可以去反省，却不应该去抱怨甚至绝望。要知道，存在就是合理的，走过就是美丽、淡化就是聪慧。这不也是一种非常难得的气质与操守吗？

别跟自己过不去，这是一种洒脱的精神境界，它会促使我们从容地走自己所选择的道路，做自己所喜欢的事情。有时候，如果我们心里真的不是很痛快，那么一定要想法子原谅自己。只有这样，你的人生才会更加的快乐与美好。

 # 成功只是手段，幸福才是目的

在这个经济飞速发展的社会里，人们都非常重视成功，并且努力地追求着自己梦想中的成功。很多人都认为成功就是人生最重要和最直接的目标。其实，成功只是我们获得幸福人生的一种手段而已。

成功是指你通过努力实现了既定的目标或者某种愿望，或者办成了一件重要的事情。成功更多的是从结果来定义的，比如你想挣钱发财，结果你的投资得到了回报，你挣钱的目标实现了，或者你的目标是发表论文，经过努力，你的论文发表了。

而幸福则是一种身体和心理的快乐感受，更多是从状态来定义的。

幸福是你与爱人一起手拉着手行走在人生的大道之上，是你逃避了城市的繁华，呼吸着山林里新鲜的空气，是你在海边悠然自得地晒着太阳，是你在睡梦中开心地微笑，是你全身心地陶醉在电影之中……幸福是一种放松身心的轻松感受，幸福是一种安逸的美好体验。

成功紧张而激动的，是受交感神经直接支配的过程，表现为心跳的加快，而幸福是下意识地放松，是包容和忘却，是受副交感神经支配的过程，表现为心跳的减缓。

成功取决于智商、运气、努力，而幸福取决于人们对世界的看法、情绪的健康水平和环境的质量。总体来说，成功和幸福的关系是相互独立的，可以比作是两架并行的钟表，预定和谐。

很多人认为成功就是幸福，然而在我们的生活中有不少成功的人并不幸福。因为这些人整日受功名心推动，一门心思追求成功，焦虑不安，忧心忡忡，最后他们成功了，可是马上又会有一个更高的目标，马上又得去追求另一个成功。他们好像是在铺满了炭火的舞台上的舞者，停止不下

来。他们只有成功的激动，而没有松弛的快乐。

相比较而言，一些并不成功的人，却过得轻松自在，无拘无束，他们晚上去广场跳舞，周日去公园锻炼，喝点小酒，搓会儿麻将，生活得有滋有味。

每个人都渴望成功，成功在不知不觉中成为一种博弈的游戏。你的成功意味着别人的失败，你拥有了资源意味着别人失去了资源。但是，幸福的机会是无限的，内心的感受和幸福的能量无限，你幸福了，并不意味着别人就失去幸福了，而是通过情绪的感染力把你心中的幸福传递给了别人。

我们在追求成功的同时，能否适当停下来听一听内心的呼唤呢？能否调整心态准备松弛一下呢？能否以一个追求幸福的态度来对待人生、对待成功呢？人生的最高目标并不是成功，而是幸福。

《记住你是谁》一书中这样写道："作为教授，我不希望看到这事情一次又一次地发生在我的学生身上。应届毕业生们害怕自己的同学们事业有成时，自己还在挣扎前行，一贫如洗，一事无成，于是他们往往选择看起来似乎最安全可靠的路径：寻找高薪工作，以便能衣着光鲜地参加同学聚会。那些毕业生，原本执著于媒体行业的创意，却去了投资银行；那些渴望自由而活跃的创业者，却去了沉静呆板的公司。他们想象自己的同学五年后会获取什么：个人办公室、丰厚的奖金以及高级头衔－－所以他们极度害怕和逃避冒险，害怕因为追寻自己的兴趣到头来两手空空。其结果呢？大量聪明有天分的人把时间浪费在那些头衔响亮、待遇丰厚的职位上，但这些职位对于他们根本不合适，而且对于他们真正想追求的职业目标毫无用处。"

诺贝尔经济学奖得主尼尔·卡尼曼说：生活中，大部分的人会认为高收入＝快乐，但事实上，虽然高收入的人对生活会比较满足，但他们也因此更容易紧张，有着很多的压力和烦恼。在成功之前，他们可能也曾有过不开心的日子，但他们一直相信，只要成功了，他们就会得到幸福。

而当他们达到目标时，才发现所期望的东西根本就不存在。突然之间，幸福的美梦破灭了，一下子陷入到了"现在怎么办"的深谷之中。

由此可见，成功并不与幸福画等号。当你拥有了事业的成功，只能说你具备了享受幸福的条件，或者应该说你具有了比较好的物质基础，然而幸福是一种奇怪的东西，它既是物质的，更是精神的。当你还在为梦想而苦苦奋斗时，你一样可以享受到人生的幸福与快乐。有时候，幸福和成功没有太直接的关系。成功仅仅只是获取人生幸福的一个手段，当然我们也可以通过别的手段获得我们想要拥有的幸福。

当然，取得幸福并不是要人们将成功、财富或者地位看淡，而是希望读者能够反思一个现象：我们努力追求成功是为了获得幸福，但成功之后，我们却发现自己并不比以前幸福很多。其实，那是因为我们把手段当成了目的。权力、金钱都是获取幸福的手段，而不是目标。

记得有人曾经问过我一个这样的问题：你觉得最幸福的事情是什么？他回答说"睡懒觉"。我说："那你为什么让自己忙碌到没有时间睡懒觉？"事实上，除了功名利禄的追求，我们身边还有很多获得幸福的途径，譬如家人和朋友、兴趣爱好、工作本身，如果能体会这诸种幸福，我们的心态将更平和，身心将更和谐。

 # 给心灵放个假

经济的飞速发展，标志着一个国家的文明和进步。然而，快节奏的生活方式，激烈的竞争环境，给每个人都带来的沉重的心理负担。物质条件虽然丰富了许多，但是为了生存而流血流汗的付出，却让每一个人都难以应付。于是，很多人都觉得活得好累，然而为了生活却又不得不去面对。结果是生活过得越来越有品位，心理压力却越来越大，许多人不堪重负，年纪轻轻的就因为过度疲劳而引起各种疾病，甚至英年早逝，非常让人心痛。

张强事业心很强，原本有自己的工作，仍不满足，三年前，又利用业余时间，做起了品牌代理。就这样，他既要忙碌单位的事情，又要处理外边的业务，就像一个高速运转的机器，整日在超负荷不停地工作。尽管这些年，他拥有了属于自己的房子，也有了一定数额的存款。由于压力过大，身心交瘁，才三十出头的张强，猛一看上去，就苍老得像四十多岁的男人。

其实，从这个故事中，我们可以看出张强确实是一个很有事业心的人，这不能不让我们心生敬意。人生一世，草木一秋，不能虚度青春，挥霍年华，总要有自己的奋斗目标。然而，身体是革命的本钱，钱，是要挣的，身体，是自己的，更要懂得爱惜。在这个世界上，工作是永远都做不完的，钱也是永远都挣不完的。试想：如果没有一个健康的身体，良好的心态，纵然腰缠万贯，坐拥荣华富贵，那又有什么意义？

与张强相比，李雷就明智很多了。他既能够很好地工作，又能够很好地休息，做到二不耽误。这使得他既拥有了辉煌的事业，又拥有了一份轻松愉快的心情。

李雷，是某一中型企业的老总，资产上千万，手下千把人，里里外外，事无巨细，都需要他拍板定夺。尽管日理万机，但他忙里偷闲，懂得放松自己，或携妻儿老小到郊外踏青，或独自一人垂钓于岸边，或邀三五好友聚会谈天说地，或和老人下棋厮杀在树下。这些年，他的事业不但没有受到丝毫影响，反而越做越大，成了当地的明星企业和利税大户。

生活是丰富多彩的，有滋有味的，工作并不是生活的全部。我们来到这个世界，不仅仅是为了享受生活的精彩，工作的快乐，成功的喜悦，还要品尝爱情的甜蜜，婚姻的温馨，亲情的恒久，友情的真诚。一个人，不管贫穷贵贱，只要快乐和幸福就好。**我们一定要学会生活，学会给自己的心灵放个假。让疲惫不堪的灵魂有一个可以停留栖息的地方，让超载的身躯有一个可以休养生息的机会。**这不是一种逃避，也不是一种懒惰，而是养精蓄锐，厚积薄发，能以更加饱满的热情，旺盛的体魄，充沛的精力，去更好地投入到生活和工作之中。

人的一生，既不是百米冲刺，也不是马拉松比赛，而是犹如一次漫长寂寞的旅行。在路上，我们总要找一个可以停留休息的地方，坐下来，歇一歇。给自己的心灵放个假吧，让自己能够有张有弛，让生活能够劳逸结合，让人生也能够挥洒自如！

6

究竟是什么蒙住了你
探索幸福的双眼

　　有的人不幸福，是因为他没有挖掘出属于自己的幸福，他一生只顾着去欣赏和崇拜别人，而从来没有认真地认识过自己。有的人发现了自己的幸福源泉，但是由于懒惰、怯懦、自卑或其它原因始终都没有采取行动去勇敢追求它，结果也只能以懊丧而告终。努力地寻找你的幸福之源，当你真正地发现它并努力将它发掘出来的时候，你便拥有了无穷无尽的幸福！

# 挖掘潜藏深处的幸福源泉

每个人都有自己的特长，当你充分认识了它，并且把它发挥到极致时，你便拥有了一个幸福的人生。

苏格拉底在风烛残年之际知道自己时日不多了，就想考验和点化一下他那位平时看来不错的助手。

他把助手叫到床前说："我的蜡所剩不多了，得找另一根蜡接着点下去，你明白我的意思吗?""明白，"那位助手赶忙说："您的思想光辉是得很好地传承下去。"

"可是，"苏格拉底慢悠悠地说："我需要一位最优秀的传承者，他不但要有相当的智慧，还必须有充分的信心和非凡的勇气，你帮我寻找一位好吗?"

"我一定竭尽全力。"

苏格拉底笑了笑。

那位忠诚而勤奋的助手，不辞辛劳地通过各种渠道开始四处寻找了。可他领来一位又一位，都被苏格拉底一一婉言谢绝。一次，当那位助手再次无功而返时，病入膏肓的苏格拉底硬撑着办起来："真是辛苦你了，不过，你找来的那些人，其实都不如……"

"我一定加倍努力，"助手恳切地说，"找遍五湖四海，也要把最优秀的人选挖掘出来。"

苏格拉底笑了笑，不再说话。

半年之后，助手非常惭愧："我真对不起您，令您失望了!"

"失望的是我，对不起的却是你自己。"苏格拉底停顿了许久，才又不无哀怨地说："本来，最优秀的就是你自己，只是你不敢相信自己，才把

自己给忽略、给丢失了。其实，每个人都是最优秀的差别就在于如何认识自己、如何发掘和重用自己。"一代哲人就这样永远地离开了他曾经密切关注着的世界。

有科学研究表明，如果一个人的大脑全部开发，那么他将学会 40 种语言，拿 14 个博士学位．他的信息储存量可以是世界上最大的图书馆——美国图书馆 1000 万册书籍的 50 倍。然而，千万万人庸庸碌碌生活着，却从来意识不到存在于他们身上的巨大潜力。

在很多时候，人们总是只会羡慕别人所取得的种种成绩称赞别人的优点和长处，却没有觉察到在自己的身上同样也存在着许多优秀的品质，其实，自己也可以取得像别人一样优秀的成绩。

世界上没有完全相同的两个人，每个人都有自己的独特性。有的人可以写一流的文章，有的人拥有超棒的口才，有的人聪明灵秀，有的人身强体壮，有的人能歌善舞，有的人能书善画……总而言之，每个人都有自己的潜能。有的人成功，是因为他挖掘出了自己的潜能。有的失败了，是因为他没有挖掘出自己的潜能，甚至连发现都没有，一生只顾着去欣赏和崇拜别人，而从来没有认真地认识过自己。结果，平庸了一生，只能永远地羡慕别人，也只能在成功的彼岸对着成功望而生叹。

还有的人发现了自己的潜能，但是由于懒惰、怯懦、自卑或其他原因始终都没有采取行动去开采或也只是半途而废，结果也只能以失败而告终。这样的人，也只能望着成功轻声叹息了。

努力地寻找你的潜能吧，当你真正地发现它，并将它发掘出来的时候，你便拥有了无穷无尽的幸福，因为它是属于你自己的幸福源泉！

时刻知道自己想要的是什么

　　索柯尼石油公司人事经理保罗·波恩顿，在过去的20年中，曾面试过7.5万名应聘者。当有人请教他："今天的年轻人求职时，最容易犯的错误是什么？"

　　他回答说："不知道自己想要什么！这让人惊诧不已，想想看，一个人花在影响自己未来命运的工作选择上的精力，竟比花在购买一件穿了一年就会扔掉的衣服上的心思要少得多，是一件多么奇怪的事情，尤其是当他未来的幸福和富足全部依赖于这份工作时。"

　　很多年轻人都不了解自己能够做什么，也不知道到底想要什么，一开始时野心勃勃，但没过多久就变得沮丧和颓废，甚至麻木不仁。

　　大部分人不知道自己的生活意义，他们努力地工作只不过是为了金钱与成就而已，而一旦达成这个目标，却发现一切尽属虚空。

　　关于生活方式、经济能力、工作与休闲，以及成就感的来源等生命重大课题，如果没有一个清楚的看法，我们便不知道自己为何活着，沉重的付出只能带来微不足道的利益。

　　问一问自己到底想要什么？也许你会说："我什么都想要，你能给我吗？"

　　其实，你想要的都能得到。理想的工作、让自己快乐和满足的社交、心灵与美感的提升、能维持符合自己身份的金钱……所有这些并非可望而不可即，但是，你必须先知道自己想要什么，才懂得如何去追求。

　　知道自己想要什么，具体来说就是，生活有明确的目标，工作有明显的意图，知道自己想要得到什么样的结果。

　　把是否"知道自己想要什么"作为标准，可以将上班族大致划分为以下几类：被动算盘珠型，即一切以领导意志为导向，想要的就是能够完成被安排的工作；消极怠工型，即为了混日子，不在乎想要什么；积极自主型，即明确知道自己想要什么，工作带有很强的自主性和目的性，不但按照自己的想法完成工作，还明确自己还需要做什么以服务于自己的目标。

大多数人都属于第一种，所以只能勉强当个打工者。少数人得过且过，在被淘汰的边缘打擦边球。表现卓越的人按照自己的目标成为领导，或者把老板炒了鱿鱼。

第三种人的工作方式毫无疑问是最有意思的，虽然在实现自己想要的东西这一过程中必然有得有失，有成功有挫折，但最终会有收获，可以满足个人的自我实现欲望，工作得充实。用领导们惯用的词来形容这样的人就是"有想法的人"。

怎样才可以做一个有想法的人，怎样才可以做一个知道自己想要什么的人，这是许多在职场上拼搏的人需要考虑的问题。从宏观上来讲，首先要给自己一个明确的定位，想成为什么的人，想达到什么的成就或地位，然后围绕这一目标来做应该做的事情；从微观上来讲，每做一件事情，都要问自己一遍：做这件事情需要达成的目标是什么，为什么要做，怎么做才能达到目标，从而使这件事情的完成显得更有意义。总之，自己要多思考一下，不要以他人的意志始终左右自己，而且对任何一件事情都应该有自己的判断，即便这种判断可能会错误，但检验错误的过程同样重要，错有错的收获，如果不判断，那将一无所得。

知道自己想要什么，是一种积极主动的人生态度和生存方式。只有清楚地知道自己曾去过何处，今后又要去往何方，生命才有意义，人生才会不留遗憾。

知道自己想要什么的同时，也要知道别人想要什么，这个别人包括领导、同事和身边任何人。这需要细微的观察、了解和判断能力，不但需要了解自己，还要了解身边的人，成为一个善于观察的人。只有真正地知道了别人想要什么时，你才能在人与人的关系处理中游刃有余，或服从满足，或配合协作，或指挥驾驭。

告诉别人"我很重要!"

在我们的生活中,自信的人往往更容易取得成功一些,这是因为他们总能以积极乐观的态度去面对生命中的挫折。而自卑的人往往被自己束缚住手脚,他们看不到自己的长处与优点,整天在别人的目光自怨自艾地活着。

其实,没有人能够轻轻易易成功,自卑的人,请勇敢地挺起自己的胸膛,大声地向世界说道:"我能行! 我很重要!"有一天,成功就会真的找上你了!

李飞从小就自卑,凡事没有自信,每逢老师或同学让他做什么事时,他总是不好意思地说:"小行不行,我不行。"

曾经李飞也决心以一副新面貌出现在众人面前。但总过不了几天,他又恢复了老样子。李飞明白了一个道理:在一个熟悉的环境中要改变自己是不容易的,它需要很大的勇气。但在当时李飞恰恰缺乏这一勇气,所以李飞那种自卑的样子一直持续到高中毕业。

上大学后,李飞就像变了个人,他重新找回了失去的自信。每天都面带微笑,精神饱满,干劲冲天。李飞在心里暗暗为自己加油,暗示自己"我能行"! 后来,李飞班里成立了篮球队,因为李飞个头高,尽管不会打,也入选了,从此李飞就向同学学习关于篮球的知识和技术,每天都抱着篮球到操场练一会。很快,李飞就成了一名篮球队的主力。

李飞由一个自卑的人变成一个自信的人,很快他就赢得了成功。由此可见,自信在人生的道路上起着多大的作用。没有自信,人生就像一潭死水,而拥有了自信,才会发现外面的世界真的很精彩!

博格斯是一名矮个子球星,他的身高只有1.60米。博格斯这么矮,怎么能在巨人如林的篮球场上竞技，并且跻身大名鼎鼎的 NBA 球星之列呢？这正是因为博格斯的自信。

博格斯从小就喜爱篮球，由于长得矮小，伙伴们瞧不起他。他很伤心地问妈妈："妈妈，我还能长高吗？"妈妈鼓励他："孩子，你能长高，长得很高很高，会成为人人都知道的大球星。"从此，他就拥有了一个长高的梦。"业余球星"的生活即将结束了，博格斯面临着更严峻的考验——1.60 米的身高能打好职业赛吗？

博格斯横下一条心，要靠 1.60 米的身高闯天下。"别人说我矮，反而成了我的动力，我偏要证明矮个子也能做大事情"。在威克·福莱斯特大学和华盛顿子弹队的赛场，人们看到博格斯简直就是个"地滚虎"，从下方来的球百分之九十都被他收走⋯⋯

后来，博格斯进入了夏洛特黄蜂队（当时名列 NBA 第二）。在他的一份技术分析表上写着：投篮命中率 50%，罚球命中率 90%⋯⋯

有杂志说他个人技术好，发挥了矮个子重心低的特长，成为一名使对手害怕的断球能手。"夏洛特的成功在于博格斯的矮"，不知是谁喊出了这样的口号，许多人都认同了这一观点。

博格斯的成功在于他相信自己，在于他把自己的劣势转化为了强势，并且将其发挥到了极致。在别人轻视的目光下，他没有屈服；在岁月的长河里，他没有放弃，成功自然属于这种拥有自信又不懈努力的人。

每个人都渴望成功，但是只有自信的人才能有幸到达成功的彼岸。自信是一种良好的心理素质，它来源于对实力的充分认识，对局势的清醒判断。很多时候，最大的敌人是自己的心。千万不要在败给对手前就败给自己，把所有的顾虑，所有的担忧都抛到脑后。不管遇到什么样的困难，都要相信自己，不管面对多大的压力，都要轻松地给自己打气："我很重要！"

自信，就是这么简单。成功，永远属于相信自己的人。

 # 让别人嫉妒，而不是嫉妒别人

嫉妒是什么呢？嫉妒是存在于人与人之间必不可少的一种悲观的情绪，当看到别人取得一定成绩，获得一定荣誉，或者收获到自己未有的某种幸福、某种利益、某种感觉时一种油然而生的情绪。浮躁的人羡慕别人有钱，羡慕别人有权，羡慕别人的成功，还常常嫉妒别人，这样很容易迷失自己。

有一个人，非常嫉妒他的邻居，他每天都盼望他的邻居倒霉，或盼望邻居家着火，或盼望邻居得什么不治之症，或盼望邻居的儿子夭折……然而每当他看到邻居时，邻居总是活得好好的，并且微笑着和他打招呼，这时他的心里就更加不痛快。就这样，他每天折磨自己，身体日渐消瘦，胸中就像堵了一块石头，吃不下也睡不着。

有一天，他决定给他的邻居制造点晦气，这天晚上他买了一个花圈，偷偷地给邻居家送去。当他走到邻居家门口时，听到里面有人在哭，此时邻居正好从屋里走出来，看到他送来一个花圈，忙说："这么快就过来了，谢谢！谢谢！"原来邻居的父亲刚刚去世。

这个故事中的主人出于嫉妒，把自己置于痛苦之中，他的心灵不断地受到折磨。而邻居依然如故地过着自己的日子，最后，嫉妒就犹如野草一天天地疯长着，而自己除了痛苦外一无所得。

适度的羡慕是完全可以理解的，但是超过了一定的"度"，那么势必给我们的生活带来危害。嫉妒心强烈的人易患心脏病，而且死亡率也高。此外，如头痛、胃痛、高血压等，易发生于嫉妒心强的人，并且药物的治疗效果也较差。

要摆脱嫉妒，作为生活在现代文明中的人就得像他已经扩展了大脑一

样，扩展自己的胸怀，并且学会超越自我，在超越自我的过程中，学会让灵魂安宁的妙招！

1. 胸怀大度，宽厚待人

敞开心胸，包容万物。用一颗平常的心去面对一切，你会发现一切都很美好！

2. 自知之明，客观评价自己

当嫉妒心理开始萌发，就要能够积极主动地调整自己的心理意识，从而控制自己的不良动机和感情。

3. 快乐之药可以治疗嫉妒

善于不断从生活中寻找快乐，让快乐时刻占据自己的灵魂世界。

4. 少一份虚荣就少一份嫉妒心

其实，人与人之间少不了嫉妒，即使你不去嫉妒别人，你也会被别人嫉妒，受到别人的攻击。但是，与其一味地羡慕别人，沉浸在对别人的嫉妒之中，还不如脚踏实地地做好自己，让别人来嫉妒自己了！

 ## 被别人误解是因为你还
需要与别人沟通

　　人与人之间，之所以产生这样那样的误会，皆因彼此之间缺乏那种心与心之间的沟通。因为你心中所想的，别人只能猜测，而不能真实地清楚你心中到底想什么。

　　当你不慎被别误会时，而又不能及时找出被误会的原因，并给予对方合理的解释，那么以后一次一次的误会，怨恨愈积愈深。到那时，怨恨深了，再去解释也于事无补了。就算能解释清楚，势必需要花费相当多的精力和时间。

　　有这样一个故事：

　　一名一级士官，上半年私自买了部手机，并在一次违规使用时被大队长发现，为了逃避处分，他撒谎说是借用的。后经查实，他承认了错误，以为这样就算过去了。之后不久，队部发生了一起破坏事件，大队长推测是他干的。士官想辩解，可有的战友却说："那上次手机的事是咋回事？"一句话气得他不愿再作任何解释：时间会证明一切的。可没想到，接下来别人对他的误会不但没有减轻，反而越来越深。

　　为什么会出现这种情况呢？这是因为在被人误会时，主动而有效地沟通没有及时跟上。飞营是一个大集体，战友之间接触密切、交往频繁，不可避免地会产生一些摩擦与误会。有了误会不可怕，也很正常，只要及时沟通，多交流，多谈心，大都能够消除。反之，则会带来不必要的麻烦，增添无端的烦恼。就你这位士官在第一次承认了错误后，以为就会这样过去了。敦不知，还有更大的麻烦在等着他呢！

　　还有这样一个真实的故事：

　　一个中国女人嫁给了一个外国男人，家庭美满，婚姻幸福。一天，中国妻子生病了，外国丈夫请假在家陪伴。整整一个上午，妻子独在卧室休息，丈夫独在书房办公，相安无事。于是妻子有些伤心：说是请假陪我，原来是借口，一个上午也不来关心我。正想着，丈夫来了："亲爱的，感觉好点没，起来吃饭吧。"然后扶起妻子并示意她下床。妻子很是纳闷，怎么我病了他不知道吗？饭不端上床来，竟然让我下床去餐厅吃？心里自然冷了半截。走到餐桌前，一眼望去，鸡汤、蒸鱼、排骨……妻子忍着伤心硬是逼着自己吃了点：难道他就没想到我生病了需要清淡的饮食？

　　数月后，这个外国丈夫也发烧卧床养病了。妻子几乎一直陪在丈夫床边，嘘寒问暖，又是端茶送水又是切橙子削苹果的，尽量不让丈夫感觉到丝毫孤单。没想到丈夫却突然转过身来对妻子说："你能不能让我一个人安静一会，我是个病人，需要绝对安静的休息！你这样打扰我，我什么时候才能好转？"

　　之所以会这样完全是出于两个国家的风俗习惯不同，他们都在彼此生病的时候付出了自己的关怀，只是他们都没有用语言表达出来，或者是他们的表达让对方产生了误会。所以，不管是在妻子的眼里，还是丈夫的心里，似乎对方都不是很关心自己。这一切都是由于缺少沟通导致的，妻子在生病的时候希望丈夫陪在自己跟前，希望吃一点清淡的饮食，丈夫生病的时候却希望自己能够安静一会儿。他们都没了解到彼此的真正意图，只是按着自己的思维方式来假想对方在这一情景下的希望，结果大大出乎自己的意料。

　　其实，人与人之间产生误会是非常正常的事情，当产生误会的时候就得想着法子沟通呢！那么，我们到底应该如何去沟通才能消除彼此之间的误会与不快呢？

　　（1）要把握好沟通的主动权。

　　发生误会时，有的人总希望对方能先道个歉、问个好。这种被动式的消极沟通，非常不利于误会的消除。人与人之间是平等的，人格上更没有高低贵贱之分，因此交流沟通谁都可以采取主动，尤其是那些被误会的人，更应该放下谁先谁后、谁主谁次的顾虑，把握好沟通的主动权，积极主动的态度会让一切沟通生动起来！

(2) 真诚相待最重要。

俗话说，真情换真心，玛瑙兑黄金。尤其是在产生误会、被人误解时，更需要用真诚架起沟通之桥、铺通心灵之路。做到这一点，需要从思想、工作、感情等多个方面进行全方位的真诚沟通。通过思想沟通，心里有什么想法，对问题有什么看法，全都坦诚相见，并求同存异，可以达到你与他人思想上的一致；通过工作沟通，多伸一伸援助之手，多拉拉袖子提个醒，可以让你与他人共同取得进步；通过感情沟通，用真诚的付出换取真诚的回应，可以使理解与情谊得到进一步融洽和升华。

(3) 经常性的沟通不可少。

古人云，冰冻三尺，非一日之寒。误会的形成也是如此：一些最终不易沟通的误会、难以调和的矛盾，大都像"三尺冰"一样，是在日常的工作、生活中点点滴滴积累起来的。如果说大的误会是人际关系"小溪"中不易消除的"暗礁"，平时的一些小摩擦、小误会便是水中的小石子、小沙块，这个时候，如果能多一些经常性的沟通与交流，不断地消除、冲走这些"小石子、小沙块"，你的"小溪"自然能够保持常流常新、畅通无阻，甚至避免大的"暗礁"形成。这样，在沟通中消除误会，在消除误会中达到新的沟通，你的周围自然会充满理解、支持与宽容。

 # 最能够帮助你的人永远是你自己

当我们遇到困难时，渴望别人的帮助是人类的普遍心理。然而，真正能够帮助你的人永远是你自己！

拿破仑在打猎时，忽然听到远处有人呼救。走进一看，原来是有人落水了。

拿破仑大叫："喂，你要是再不爬上来，我就开枪打死你。"那人听后，忘记自己是在水中，用尽全力向岸边划去。经过多次挣扎，终于爬上了岸。

他气愤地问拿破仑："你为什么要杀我？"

拿破仑笑着说："我要是不吓唬你，你就不会拼命往岸上划，这样，你不就被淹死了。要知道，最能帮助你的人永远是你自己。"

拿破仑一句话道出了人生的真谛：最能够帮助你的人永远是你自己！他在听到求救声后并没有行动，反而还故意威胁人，其实他是教别人怎样自己拯救自己。

一名虔诚的佛教徒去寺庙里求拜观音。走进庙里，发现观音的像前也有一个人在拜，那个人长得和观音一模一样，丝毫不差。

"你是观音吗？"

"是的。"

"那你如何还拜自己？"

"因为我遇到了难事。"观音笑道，"可我知道，求人不如求己。"

观音的高明之处便在于，她遇到困难不是去求别人，而是求自己，毕竟求人不如求己，只有自己才会全心全意地帮助自己！

有一位名叫弗里特的美国人，决心独自穿越美洲大沙漠。在出发之

前，他便将一切困难都设想了一遍。甚至还将困难放大了几倍来做准备工作，光准备工作便做了两年。他的所有随身携带的物品都是经过精心制作的，他的服装是防沙尘暴服装，他的食物是高营养浓缩而成，两头骆驼，一头供他坐骑，一头背上足够他生活半年的日用物品。

另外，弗里特的父亲，一家轮船公司的董事长，决定亲自率船队等在沙漠的出口迎接；弗里特的姐夫还买了一辆性能极佳的越野车，以五公里的距离跟在弗里特的身后，只要听到弗里特的求救枪声，越野车便急速赶到营救；还有弗里特的舅舅，他驾驶着一架直升机也随时待命，只要接到弗里特的手机求救信号，便立即赶过去。

刚开始进入沙漠时，弗里特感觉到很顺利。可是，就在进入腹地的第二天，弗里特遭到了百年不遇的强烈沙尘暴的袭击。越野车还来不及听到枪声便疯狂地冲进了沙漠，而直升机也在没有接到任何信息的情况下，开始了对沙漠全方位的搜索。

几乎将沙漠翻了个底朝天，人们只从沙堆里发现了弗里特的两头骆驼，和弗里特随身携带的所有物品，包括弗里特还未来得及穿上身的特制服装。毫无疑问，弗里特死了，而且连尸体都找不到了。

然而，令人惊奇的是，一年后弗里特突然回来了。望着衣衫褴褛、蓬头垢面的弗里特，不仅是弗里特的家人，就连整个美国都沸腾了。一个人，在没有任何食物和防御工具的情况下，竟然可以独自在沙漠里生活一年时间，这真是一个奇迹！

走出沙漠后的弗里特急切地想要跟人们说的，是这样一种体会：任何人在任何时间都不要去想着别人会帮助你，哪怕是你的亲人和朋友，也许他们有心帮助你，但你未必能够得到。在这个世界上，最能够帮助你的人就是自己！

清朝郑燮曾经说过这样一句话："流自己的汗，吃自己的饭，自己的事情自己干。靠人靠天靠祖宗，不算男子汉。"

有付出，才会有回报。没有春天的辛苦耕耘，怎会有秋天的硕果累累？请为你的梦想付出你的努力吧！请记住：**在这个世界上只有自己的事情自己去做，才会拥有成功的喜悦！在人生的大道上，那个最能帮助你的人不是别人，而是你自己！**

7

偶尔放肆一下真快活

　　休息是为了更好的工作，不会休息就不会工作。掌握工作及休息之间的脉动，是让我们持续拥有无穷动力的宝贵智慧。毕竟人不是机器，而是有血有肉的生灵，不可以一周七天，一天 24 小时地快速高效地运转。偶尔放松娱乐的快活是我们在工作之余的必需品，而非可有可无的调剂品。对于一个沉浸在无限工作中，总是叫嚷着时间不够用的人来说，幸福生活也好像是触不可及的事情。

# 幸福有道，亦张亦弛

"休息是为了更好的工作，不会休息就不会工作。"这个观点已经得到了很多人的认同。偶尔和适当的休闲对于后续的工作还是很有帮助的。尤其是呼吸了新鲜的空气后，觉得大脑也补足了充足的氧气，精神状态甚好。

工作是休息——指的是热爱工作，享受工作，体验工作带来的趣味和价值；休息是工作——指的是梳理生理和心理的状态，有益地调节自己以适应更好的工作。

最好的状态就是二者融合在一起，工作中休息，休息中工作。此即彼，彼即此。

有一个探险家，要到南美的丛林中去探寻古代遗迹。他雇用了当地的土著人作为向导及挑夫，那群土著的脚力过人，尽管他们背负笨重行李，仍是健步如飞。在行进过程中，总是探险家先喊着需要休息，让所有土著停下来等候他。探险家虽然体力跟不上，但希望能够早一点到达目的地。到了第四天，探险家一早醒来，便立即催促土著打点行李，准备上路。不料领导土著的翻译人员却拒绝行动，令探险家为之恼怒不已。后来，探险家了解到这群土著自古以来便流传着一种习俗，在赶路时，皆会竭尽所能地拼命向前冲，但每走上三天，便需要休息一天。探险家对此好奇不已，便问翻译的向导为什么会有这么耐人寻味的休息方式。向导很庄严地回答探险家的问题，道："那是为了能够让我们的灵魂，能够追得上我们赶了三天路的疲惫身体。"探险家听了这番解释，心中若有所悟，沉思了许久，终于展颜微笑。在他看来，这是他这一趟探险当中，最好的一项收获。

从这个故事中，我们可以看到这个伟大种族的特殊的休息方式。他们

总是为了自己的目标全力以赴，让自己行动起来时，浑身充满无比的冲劲，使得自己的灵魂几乎都跟不上这样的动作，这正是用心做事的最高境界。当然这并不是一个蛮干的民族，他们懂得在工作的时候应该拼命地工作，但在应该休息的时候也得完全地放松自我，让疲惫的身心，获得完整的复原机会，好让灵魂得以追得上充满干劲时的步调。

由此可见，掌握工作及休息之间的脉动，是让我们持续拥有无穷动力的宝贵智慧。毕竟人是有血有肉的人，不是机器，不可以一周七天，一天 24 小时的快速高效地运转着的。蜡烛不能两头点，精力不可过分耗。人需要休息，放松和娱乐。我们不时地需要时间来思考一些事情，整理思绪，愉悦身心。但对于一个总是叫嚷着时间有限的人来说，生活乐趣好像是触不可及的事情。

有时候我们的内心之所以产生巨大的压力，是来自于攀比。虽然适当的压力可以让人进步，但是过大的压力也会让人疲于奔命。所以，**要做自己的主人，当感到压力太大时候，不妨降低一下自己的期望。可以让自己可以好好休息一下，享受一下人生的乐趣。也许你就会发现，当你真正地做到劳逸结合时，你便拥有了身心的轻松之感。**

太累了，就休息一会儿

利娜是个聪明的女孩子，所有的事几乎是一点就透，再加上对事物的领悟力强，大学毕业刚进公司就被企划部的经理看中了，一干就是三年。

在三年的工作中，利娜是频频创新，经手的几件企划案特别受委托方的赞赏，而且也给对方创造了很好的业绩。

经过三年的锻炼，利娜已经成为了部门里的主力，所有大案要案都是她负责，为了保持自己良好的口碑，为了再努力创造新的成绩，利娜更是对自己高标准严要求。她经常是吃完晚饭休息片刻后就进入了连续几个小时的文案策划，而一个方案的完成至少要三天，累积下来，只要利娜接一个新客户就会连续开两个星期的"夜车"。利娜有时私下算一算，一个月不加班的日子似乎不到一周。

可是现在，她经常会感到胸闷气短，有时还会眼冒金星，视力也下降了。

年轻的利娜为工作赔上了自己的健康。在我们的生活中，有一些人为了工作付出了更为惨重的代价，甚至是生命的代价。

很多生活在底层的人们为了生存拼了命地打拼，疲于奔命，由于工作时间过长、劳动强度加重、心理压力过大，从而导致精疲力竭，甚至引起身体潜藏的疾病急速恶化，继而出现致命的症状，这样就潜伏着"过劳死"的危险。目前，疯狂工作而不注意身体的人太多了，他们为了前途和成就宁愿赔上自己的健康，这种现象不仅在中国，在全球都是如此，不仅有生活在底层的人，也有一些身居高位的人。

2006年5月28日，年仅25岁的华为固网产品线硬件工程师胡新宇，因长期加班导致急性脑炎，经抢救无效去世。两天以后，5月30日深夜，广州市 35 岁的服装厂女工甘红英猝死在出租屋内。

2005 年 4 月 10 日上午 8 点 44 分，陈逸飞因上消化道出血在上海华山医院去世，享年 59 岁，这位广受赞誉的"视觉艺术家"因为劳累而在离 60 岁还有 4 天的时候结束了生命。陈逸飞是个非常有才华的人，他广泛涉足电影、时装、环境、建筑、传媒出版、模特经纪、时尚家居等多种领域。但是，陈逸飞的去世是因为他不顾健康玩命地工作，是因为从来就没有停下蒸蒸日上的事业，虽然他已经拥有了几辈子也花不完的财富，虽然他已经拥有了显赫的名声。他的去世给那些才华横溢的人以提醒，也是给常年辛苦工作的老板们以警示："身体才是革命的本钱！"

只要我们稍稍留意一下，就会发现很多人的去世都让人遗憾：2004 年 11 月 7 日晚，均瑶集团董事长王均瑶，因患肠癌医治无效，在上海逝世，年仅 38 岁；2004 年 4 月 8 日，爱立信中国有限公司总裁杨迈由于心跳骤停在京突然辞世，终年 54 岁。

其实，要想做个真正的职场赢家、生活赢家，只有通过调整心态获得满足，避免那种无休无止的焦躁状态，避免将自己无止境地陷入到工作之中，要在太累的时候就停下手头的工作，适当地休息一下。

1. 减少加班次数和时间，尽量给自己留出休息、放松的时间；如果说做房奴、车奴是不得已而为之，那么，就不要再为自己的"弹簧"施加更多的压力了。

2. 有条件的话考虑午睡，且晚上不饮用咖啡或茶，保持睡眠效率。

3. 注意保持心情开朗。增强心理品质，提高抗干扰能力，培养多种兴趣，积极转移注意力。

4. 注重生活习惯的健康方式，比如，饮食习惯以少油腻、少盐，多蔬果、均衡营养为主；选择适宜自己的运动方式，每天不间断进行锻炼。

# 工作不是人生的全部

现实中，很多人把工作等同于生活，一旦停下来，就像在大海航行中失去了舵手，找不到人生的方向，生活也会陷入到迷惘和困惑之中。

时代不断变迁，新时代自然应该有新时代的精神文化，工作再也不是生活的全部。人们不仅要在劳动中充实着，也要在休闲中享受着快乐，在与家人的相伴中感受着亲情。亲近自然、热爱生活、珍爱生命、呵护健康、感悟人生，感恩和谐，在市场大潮中，在人们享受着创业的成果欣喜和微笑之余，又一次成为时代的强音。

遗憾的是，随着社会经济的飞速发展，物欲横流的拜金主义思想也不可避免地挑战着我们的生活，践踏着我们的人性。把金钱的累积当成生活的追求，忘我的工作已经不再和崇高有着必然的联系了，越来越多的"工作狂"们都高声呐喊着向钱看的口号，他们不顾健康，不顾家庭的拼命劳作，成了工作的奴隶。乍一看，他们确实是非常敬业的，确实是值得赞扬的，他们往往为社会创造出远远超过其他人的价值。更何况，市场竞争的日益激烈，就业难度的日益增大，无论是老板还是打工族，都会产生深重的危机感。"今天工作不努力，明天努力找工作"，眼下不止是大学生就业困难，就连硕士生也有去争区区每月五百元职位的，劳动贬值以至于此，令人叹惋。不过，我们不妨问一声，这就是你生活的全部吗？

前不久，上海等地相继公布了职场白领们的工资标准，分几个等级，工资多的逾万，少的千元左右。许多职场人士对此做法并不买账，他们并不承认自己属于白领阶层，理由是：这么少的工资能算白领啊，开什么玩笑！这并不是有意表示自己的谦虚，而是抱怨自己的付出与所得不成正比。其实，也难怪他们会对自己的生存状况表示不满。在高度竞争的环境下打拼，他们

付出的不仅是每天八小时的劳动，失去的不仅是健康和亲情。这些人被形象地称作"奔奔族"，顾名思义，就是奔跑着上班、加班，连上厕所也是一溜小跑。忧心劳碌、患得患失、身体处于亚健康状态，家也成为了一个有床的办公地点。一家人快快乐乐地度个周末都成了奢望，而且，一个工作狂就像一架机器，他自己又有多少情趣和快乐而言呢？更别提享受工作了。

把工作看作事业的平台，去追求自己的梦想，一个有所作为的人生是需要如此的，但是我们不能只是为了工作而工作。如果长此以往，那么只不过会累积生活的痛苦，酿出人生的苦酒。凯普在《自驱力》中把工作中的人分为三种：不知不觉的人，不知为何而工作，得过且过，混日子。后知后觉的人，只是把工作当作谋生的手段，奔波劳碌，痛苦不已。先知先觉的人，工作的同时在享受工作乐趣。对比一下，那些工作狂们属于哪一类？恐怕是前二类居多。如果是后一类，他们成了工作的主人，其人生也自然是丰富多彩的了。不会休息就不会工作，不懂得把握自己手中已经拥有的，珍惜自己及家人的，那么他的人生注定是破碎不堪的、极其病态的。别的暂且不谈，就连维持最起码的家庭幸福都是很难的事情了。

人生的长度是有限的，但是我们可以活出不同的宽度。在同样有限的时间里，可以活出不同的空间。有太多的人为了事业、金钱拼命地忙碌着，但他们却往忽略了眼前的生活。等到自己功成名就之后，回头看看时，才发现自己已经失去了很多生命里最宝贵的东西：健康、家庭、爱情、友情、爱好、乐趣等等。这样的人生，好似一条修长直线毫无可能宽度可言，注定是没有色彩的黑白生活。

那么，我们到底应该怎样摆正工作与生活的关系呢？采取什么样的方法才可以收到"鱼与熊掌兼得"的效果呢？

（1）认识对位：幸福的生活包罗太多，工作只是一部分。

（2）时间充裕：合理安排作息，让自己从容完成工作。

（3）适当游戏：人非机器，机器也要检修加油，何况是人？劳逸结合才能事半功倍。

（4）松弛练习：了解自己身体的压力反应（如心跳、头痛、出风疹等），尽量松弛。

（5）向外求援：相信他人，避免单兵作战。

（6）悦纳自己：严格要求自己，但不要客意追求完美，不为完美所累。

对酒当歌，苦难奈我何

我们生活在世界上，必定会遇到重重苦难。有些人在苦难面前退缩了，这样的人注定是失败者。而有些人在苦难来到时，却能够微笑着坦然面对，并且以一种"对酒当歌，苦难奈我何"的英雄气概笑傲生命中的挫折，这样的人总有一天会获得人生的成功。

洪战辉正是这种以坚强的毅力搏击命运的人，他身上的大无畏精神感动了无数的人。他那种将挫折当美酒的豪情更是让人敬佩不已。

洪战辉没有遮风避雨的家，却有捡来的妹妹、患有间歇性精神病的父亲、不堪重负离家出走的母亲、杳无音讯的弟弟和春耕秋收的土地；他用卖蔬菜、卖书籍文具、捡垃圾、做推销员赚来的钱一边上学，一边给父亲治病、送妹妹读书，自己一天只吃一顿饭；他把自己的车票塞给别人，自己却在火车站啃了两天的馒头……他没有惊天动地的壮举，他只是从 12 岁起便用瘦弱的双肩、稚嫩的心灵，承担起了生活的重担；他直面人生的悲欢离合，没有闪躲，没有消沉，没有不健康的成长；他用爱撑起生活的风雨，化作对家庭、对妹妹、对所有人的阳光雨露。这是一种什么样的生活？这是一个什么样的胸怀？这是一种什么样的气概？一个平凡的青年，经过血与泪的洗礼，创伤与痛苦的磨炼，挺拔地真实地出现在众人面前。23 岁小伙子洪战辉却在日记中写道："挫折似美酒"。

洪战辉是高尚的，他以"挫折似美酒"的气概支撑了许多不属于他的责任，他走过的路，每一步是艰难的跋涉。回头看看我们的先辈们，他们的人生道路何尝不充满着坎坷与不幸。在那艰苦的岁月里，他们背着子弹，吃着树皮和草根，忍痛挨饿地走过了二万五千里长征；他们挖野菜，煮红薯度过了三年吃不饱穿不暖的艰辛岁月；他们开荒山，修大坝，在那广袤无垠的北大荒谱写了一曲曲青春之歌。他们的人生答卷，是每个时代的最强音，是每个时代的华章。

贝多芬的一生是非常不幸的。但是，也许这正是生活的苦难给予他最好的礼物，使得他不断从中汲取勇气，并凭借对艺术的无限热爱与追求，重新燃起了斗志，对未来的生活充满了希望。于是，他才能够以常人难以想象的坚强与命运做着斗争，他才能坦然面对病痛的折磨，他才能坚持不懈地创作，为他人创造了无限的欢乐，也为后世留下了一曲又一曲震撼人心的壮美篇章。

试想一下，如果贝多芬当时在病痛面前屈服了，那么世界上还会有一个伟大的音乐家吗？贝多芬的命运是悲惨的，但他的人生是成功的。也许他并没有获得超高的收入，但是他赢得全世界人民的掌声，这掌声不仅仅为他创作的才华横溢的曲子，更为他扼住命运之喉的坚强。苦难在贝多芬面前又算什么呢？他依然熟视无睹地继续着自己的征程。

生活的路本来就是崎岖的，它总给人说不清道不明的感觉，所以我们说岁月蹉跎，人生莫测。生命本身就是残缺的，我们没有必要苛求完美，无论什么样的人生，无论你曾经如何追求，那都是有价值的一生。存在的价值就是向更高的层次追求。诚然，每一段路程都有荆棘，每一段路都充满苦难；每一步都有深浅，掺着血和泪。然而这是必然的。在获得之前，你必须付出，而一旦获得又会有新的付出，以此向更高的层次追求，这便是有价值的一生。

有人曾说："苦难，是酿就幸福的原料"。既然如此，那么请让我们举起人生的酒杯，面对苦难，"千杯万盏笑苍穹"吧。

 # 低调处世，简单生活

　　现代人每天都生活在复杂的社会之中，紧张、高速的节奏让人难得有放松的时光。很多人在为梦想而奋斗的道路上身心俱疲，他们或者为微妙的人际关系而头痛，或者为目标的遥远而自责。**其实，只要你抱着"低调处世，简单生活"的态度，你便可以拥有一个充实而快乐的人生了。**

　　所谓低调就是走了大运，干成大事，在某个领域取得较大成功者，不忘乎所以，盛气凌人，不卖弄显摆，大肆张扬，而以平静、淡然的心情对待成功，为人处世的态度一如往常。

　　在现实生活中，确有一些人能够低调处世。一些成功的企业家，不愿接受媒体的采访，谢绝文人为自己写发家史，更不会把自己汽车牌照登到交友网上，而是脚踏实地、不事张扬地实施新计划，争取更大的成功；一些优秀写手不屑于炒作，不愿意成为别人关注的焦点，他们只是静下心来，用自己的笔抒发自我的心情；一些科研工作者，不因取得了显著的成绩而得意忘形，到处吹嘘，他们为了完成新科研项目，一好既往地在实验室里忘我地工作着。低调处世，使他们得以避免外界的干扰，专心于自己的事业，从而取得更大的成就，同时更加受到世人的敬重。

　　生活简单就是幸福。一首优美的音乐、一支喜爱的歌曲，就会让你郁闷的心情得到暂时的缓和。你可以静静地欣赏你喜爱的音乐，可以在流荡的旋律中回忆些什么，或者什么都不去想；你可以一个人在房间里大声的放着摇滚，也可以在网上用耳麦与远方的朋友静静地共享；你还可以一边播放着自己喜欢的音乐，一边做着家务。

　　生活简单就是幸福。一杯清茶，或一杯咖啡，放在你的桌边，你的心情便会格外地轻松自在。你可以浏览当天的报纸，了解最新的国内外动

态，哪怕是街头趣闻；或者捧一本自己喜欢的杂志、小说，从字里行间获得那种特别的轻松和愉悦．。

生活简单就是幸福。春暖花开的季节，或是清风送爽的金秋，走出户外，带上你的亲朋好友，来一次假日的郊游，享受大自然带给你的美丽、芬芳。吸一口新鲜的空气，忘却都市的喧嚣，身心仿佛受到一番洗涤，这是怎样的美妙的感觉呢！

生活简单就是幸福。你参加朋友们的一次聚会，那久违的感觉带给你温馨和激动，在觥筹交错之间你享受与回味真挚的友情。这个时候，你才会发现朋友是这般的弥足珍贵。

平平淡淡才是真！简单，是平息外部无休无止的喧嚣，回归内在自我的唯一途径。用简单的生活保持纯净的心情，获取永久的幸福！

8

要你最需要的，而不是所有的

　　在我们的人生中，很多人总是努力地追寻拥有更多东西，而与别人攀比究竟是谁拥有的更多。但往往会事与愿违，结果不仅会陷于深深的苦恼和自卑之中，甚至还误入疲于奔命的歧途。为什么会这样呢？那是因为人们老盯着"拥有"这件事不放，却忽视了自己所真正需要的。而且更令人遗憾的是，很多人根本就不知道什么才是自己需要的。当你倾听自己内心的真实需求，并且努力地将它发挥出来的时候，你便能够一步步地走向幸福。

幸福不是获得的多，而是计较的少

幸福并不是拥有很多，不少人因为过多的贪婪而迷失了自己的真性，失去了生命的快乐。人生如水，我们必须学会像水一样去适应环境，蜿蜒曲泽，和谐相容，正如一句话所说："我改变不了周围的环境，但我可以改变自己的心境"。调整好自己的心态，坦然接受生活的考验，那么我们最终会拥有一个美好的人生的。

有人讲起自己的一段经历：

还记得我的新房装修工作进入尾声的那天下午，随着油漆师傅一声"全部都好了"，我也怀着高兴的心情来到将要入住的新房。

我从楼上走到楼下，突然间发现厨房水槽下的那个旧水泵，锈迹斑驳的样子，在经过粉刷后的墙面衬托下，显得异常刺眼。

好心的师傅表示可以帮我们处理，就当师傅打算开始动手时，他和母亲闲聊起来："这个水泵是做什么用的？""没有用，早就坏了！""啊？那有插电吗？""没有，线路都拔掉了！""那为什么要漆，不干脆整个拔掉？"现场一阵默然，大家面面相觑。

"对啊，为什么不拔掉呢？"

"那不要漆啦，你借我螺丝刀，我帮你们拔掉！"

没过多久，油漆师傅就处理好了那个放在那好几年的旧水泵。

我突然想，人的心不也是这样吗？

在我们的灵魂深处，也许就有这样一个水泵存在着。有时候，它是我们年少时候错爱的一个人；有时候，它是我们曾经遭遇过的挫折与伤害；有时候，它我们习以为常的偏见与固执。试问一下，在我们的内心到底有多少东西，我们错误地摆置却总是认为无法挪移呢？

勇敢地放下是一种智慧更是一种幸福。只有放下应该放下的才能够拥有真正的快乐。给自己一点勇气，移走你心中的"旧水泵"，别让它阻挡了你寻找幸福的道儿。

为什么很多人成功了反而感到失落？这是因为他们在埋头苦干时，只是为了忙碌而忙碌着，他们并未洞悉自己心灵深处的欲望。

人生其实就是一个奋斗的历程，人生其实就是通过不懈的努力让生命更加圆满而已。然而，我们也并不是什么事情都一定要争取到手，相反我们要有随时准备放弃的心理。放弃那些于我们的人生无益的东西，然后再继续前进。

如果我们永远都只是固守着已经获得的功名利禄，永远都只是为了进一步的权钱职位、风头利益而钩心斗角，那么不管什么样的生活方式都会让我们气喘吁吁，太多的时间和精力也在不知不觉中被耗费了。这样，不仅自己的正常发展受到了限制，甚至有可能还会迷失自己的方向。

我们并不可能得到自己所希望的任何东西，既然没有能力得到，那么只好放弃了。人生就是一个不断选择与放弃的过程。当我们放下了自己应该放下的东西时，人生包袱就会顷刻间变轻，自己就可以轻松愉快地走自己的路，人生的旅行也会更加快乐的，这样，才可以登得高看得远了！幸福不是获得的多，而是因为计较的少！

 # 牢记吃亏是福

　　亨利·霍金士先生从化验室的报告单上发现，他们生产食品的配方中，起保险作用的添加剂有毒，虽然毒性不大，但长期服用对身体有害。如果不用添加剂，那又会影响到食品的鲜度。

　　亨利·霍金士认为应以诚对待顾客，于是他当即向社会宣布，防腐剂有毒，长期服用对身体有害。

　　但是，这样做给自己带来了巨大的压力。食品销路锐减不说，所有从事食品加工的老板都联合了起来，用一切手段向他反扑，指责他为了抬高自己而不择手段。亨利公司一下子跌到了濒临倒闭的边缘。

　　4年之后，亨利·霍金士已经倾家荡产，但他的名声却家喻户晓。正当此时，政府站出来支持霍金士，亨利公司的产品立马成了人们放心满意的热门货。他的公司在很短时间里便恢复了元气，规模扩大了两倍。亨利·霍金士也一举登上了美国食品加工业的头把椅子。

　　在现实生活中，总有一些聪明人能够真正地明白"吃亏也是一种福气"。其实，这是因为他们对一切都感到满意，对自己所得到的一切都充满感激之情，这是因为他们从来不奢望那些本来就不可能得到或者根本就不存在的东西。由于内心没有妄想，自然也就不会有邪念的产生。所以，表面上看来"吃亏是福"以及"知足"、"安分"会给人以不思进取之嫌，但是，这些思想也是在教导人们要清醒认识自己。

　　人是有血有肉的生物，谁也无法抛开七情六欲，但是，要成就大业，就得分清轻重缓急，该舍的就得忍痛割爱，该忍的就得从长计议，该放弃的就必须得放弃。我国历史上刘邦与项羽在称雄争霸、建立功业上，就表现出了完全不同的态度，结局自然也是有所不同了。苏东坡在评判楚汉之

争时就说，项羽之所以会败，就因为他不能忍，不愿意吃亏，白白浪费自己百战百胜的勇猛；汉高祖刘邦之所以能胜就在于他能忍，懂得吃亏，养精蓄锐，等待时机，直攻项羽弊端，最后夺取胜利。

两王平日的为人处世之不同自不待说，楚汉战争中，刘邦的实力远不如项羽，当项羽听说刘邦已先入关，怒火冲天，决心要将刘邦的兵力消灭。当时项羽 40 万兵马驻扎在鸿门，刘邦 10 万兵马驻扎在灞上，双方只隔 40 里，兵力悬殊，刘邦危在旦夕。在这种情况下，刘邦先是请张良陪同去见项羽的叔叔项伯，再三表白自己没有反对项羽的意思，并与之结成儿女亲家，请项伯在项羽面前说句好话。

然后，第二天一清早，又带着随从，拿着礼物到鸿门去拜见项羽，低声下气地赔礼道歉，化解了项羽的怨气，缓和了他们之间的关系。从表现上看，刘邦忍气吞声，项羽挣足了面子，实际上刘邦以小忍为自己换来了发展壮大的时机，也保证了自己和飞队的安全。刘邦对不利条件的隐忍，对暂时失利的坚韧，反映了他对敌斗争的谋略，也体现了他巨大的心理承受能力。

刘邦正是靠吃小亏的伎俩赢得了战争的胜利。有人说刘邦是以"忍"得天下，相信这种智慧不是有勇无谋的人可以修炼到的本领。对于今天的我们来说，也许还会遇到类似的情景，那么我们一定要记得千万别为了逞一时英雄而葬送了自己的大好前程，有时候我们要学点刘邦的样子，要有勇有谋，要懂得以忍让、吃亏换明天的策略。

很多时候，幸福与灾祸就像一对孪生兄弟，时时出现在我们的生活当中。我国的古人就已发现了他们的辩证关系。"塞翁失马，焉知非福"就是最好的例证，它是老子的《道德经》所宣扬的一种辩证思想。正是这种哲学的辩证关系让我们明白，即使是看起来很坏的"吃亏"，也可能带来意想不到的好处。

因此，人一定要摆正眼前利益和长远利益的关系，分得清谁轻谁重。千万别为了一时的痛快，而赔上长远的利益。真正聪明的人是宁愿舍弃一点眼前的利益，而换来人生的大胜利。在我们追求梦想的道路上，在我们与人相处的时候，请一定要牢记：吃亏就是一种福气！

# 吃点 "糊涂亏" 没什么大不了

把吃亏当作福，是以一种豁达的心情坦然接受生命中的一切。这看起来似乎有点自我安慰的意思，可实际上，这句话却包含着糊涂处世的大智慧。

1980 年邮票厂有个工人受朋友之托买了第一轮的生肖猴票，并垫付了64 元。64 元在当年来说可不是小数目，没想到那个朋友忽然又说不要了，这哥儿们只能自认倒霉，把 10 版猴票拿回家压了起来。1991 年邮票市价暴涨，猴票翻到了 10 万元一版，这哥儿们因亏得福，64 元变成 100 万元。

其实，吃亏与占便宜，就像祸与福相倚一样，是相互依存、相互转化的。不过，得与失的转化需要一个过程，并不是一下子就可以马上看到效果的。

战国时，齐国的孟尝君由于他待士十分诚恳，感动了一个叫冯谖的落魄人，此人为报答孟尝君的礼遇而投到他的门下并为他效力。

有一次，孟尝君叫人到其封地薛邑讨债，问谁肯去。冯谖自告奋勇说自己去，但不知将催讨回来的钱买什么东西。孟尝君说，就买点我们家没有东西吧。冯谖领命而去，到了薛邑后，他见到老百姓的生活十分穷困，听说孟尝君的使者来了，均有怨言。于是，他召集了邑中居民，对大家说："孟尝君知道大家生活困难，这次特意派我来告诉大家，以前的欠债一笔勾销了，利息也不用偿还了，孟尝君叫我把债券也带来了，今天当着大家的面，我把债券销毁，从今以后再不偿还。"说着，便把债券全烧了。薛邑的百姓没料到孟尝君如此仁义，人人感激涕零。

冯谖回来后，孟尝君问他买了何物，冯谖如实回答，孟尝君大为不悦。

　　冯谖对他说："你不是叫我买家中没有的东西吗？我已经给你买回来了。这就是'义'。焚券市义，这对您收归民心是大有好处的啊！"

　　又过了几年，孟尝君被人谮谤，齐相不保，只好回到自己的封地薛邑。薛邑的百姓听说恩公孟尝君回来了，倾城而去，夹道欢迎。孟尝君感动不已，终于体会到了冯谖"市义"的苦心。

　　孟尝君当年的"付出"并没有想到日后的"回报"，但等他落难时却发生了意想不到的效果，受到他恩惠的百姓在这个时候用实际行动回报了他，这正是糊涂吃亏的智慧。由此可见，吃亏有时候也是一件好事。

　　元末明初，有个叫郭德成的人，他和哥哥郭兴一起，随朱元璋转战沙场，立了赫赫战功。此人性格豁达，十分机敏，特别喜爱喝酒。

　　朱元璋做了皇帝后，原先的将领纷纷加官晋爵，待遇优厚。而郭德成只做了一个普通的官员。

　　郭德成的妹妹宁妃，当时在宫中深得朱元璋的宠爱，朱元璋因此觉得心里有些过意不去，准备提拔郭德成。

　　有一次，朱元璋召见郭德成，说道："德成啊，你的功劳不小，我让你做个大官吧。"郭德成连忙推辞说："感谢皇上对我的厚爱，但是我脑袋瓜不灵，整天不问政事，只知道喝酒，一旦做大官，那不是害了国家又害了自己吗？"

　　朱元璋内心不禁暗暗赞叹，于是将大量好酒和钱财发给郭德成，还经常邀请郭德成去皇家后花园喝酒。

　　郭德成是一个知道满足，没有过多奢欲的人。他能够有自知之明，正是他后来能忍受一时的委屈、一时的灾祸而保全生命的关键。

　　又有一次，郭德成在皇家后花园，陪朱元璋喝酒，杯来盏去，渐渐地，郭德成脸色发红，醉眼蒙眬，但他依然一杯接一杯地喝个没完。眼看时间不早，郭德成烂醉如泥，跟跌跄跄走到朱元璋面前，弯下身子，低头辞谢，结结巴巴地说道："谢谢皇上赏酒！"朱元璋见他醉态十足，衣冠不整，头发纷乱。笑道："看你头发披散，语无伦次，真是个醉鬼疯汉。"郭德成摸了摸散乱的头发，脱口而出："皇上，我最恨这乱糟糟的头发，要是剃成光头，那才痛快呢。"朱元璋一听此话，心中非常不悦，这小子怎么敢这样大胆地侮辱自己。他正要发作时，看到郭德成仍然傻乎乎地说着，便沉默下来，转而一想：也许是郭德成酒后失言，不妨冷静观察，以后再整治他不迟。

郭德成酒醉醒来，一想到自己在皇上面前失言，就吓得冷汗直流。原来，朱元璋曾经在皇觉寺做和尚，最忌讳的就是"光"、"僧"等字眼，郭德成怎么也想不到，今天这样糊涂，这样大胆，竟然戳到了皇上的痛处。

郭德成知道朱元璋不会轻易放过自己。这可怎么办呢？郭德成想：向皇上解释，不行，更会增加皇上的记恨，不解释，自己已经铸成大错，难道真的为这事赔上身家性命不成。郭德成左右为难，苦苦地为保全自身寻找妙计。

过了几天，郭德成继续喝酒，狂放不羁，和过去一样，只是进寺庙剃光了头，真的做了和尚，整日身披袈裟，念着佛经。

朱元璋见郭德成真做了和尚，便对宁妃赞叹说："德成真是个奇男子，原先我以为他讨厌头发是假，想不到真是个醉鬼和尚。"

后来，朱元璋猜忌有功之臣，原先的许多大将们纷纷被他找借口杀掉了，而郭德成竟保全了性命。

这是因为他能从眼前的祸事中看到未来事态的发展，提前避祸，才不至于招来杀身之祸。而其他的功臣则远不如郭德成明智。因祸进庙，因祸保住了性命，谁又能说这不是福呢？

好汉也得吃眼前亏

好汉，自然指的是有骨气的男子汉了。然而，就算是好汉也得吃点眼前亏。当然这眼前亏可不是白吃的，它是为了留得青山，要以吃眼前亏来换取其他的利益，如果因为不吃眼前亏而蒙受巨大的损失或灾难，甚至把命都弄丢了，那可非常不值得的呢！

可以假设这样一个情况：你开车和别的车擦撞，对方只是"小伤"，甚至可以说根本不算伤，可是对方车上下来四个彪形大汉，个个横眉坚目，围住你索赔，眼看四周荒僻，也无公用电话，更不可能有人对你伸出援助之手后。请问，你要不要吃"赔钱了事"这个亏呢？

当然可以不吃，前提就是你能"说"退他们，或者是能"打"退他们，而且能够保证自己不会受伤。

但是，如果你不能说又不能打，那么看来也只有"赔钱了事"了。因为，"赔钱"就是"眼前亏"，你若不吃，换来的可能是更大的损失。

所以说，"好汉要吃眼前亏"，因为"眼前亏"不吃，可能要吃更大的亏。

当一个人实力微弱、处境艰难的时候，也是最容易受到别人打击和欺侮的时候，在这种情况下，人们的抗争力最差，如果能避开大难就算是很幸运的了。

假如此时面对他人过分的"待遇"最好是"退一步海阔天空"，先吃一下眼前亏，立足于"留得青山在，不怕没柴烧"，用"卧薪尝胆，伺机而动"作为忍耐与发奋的动力。

当然，我们这里所说的吃眼前亏，是要把握好一定的行为界限的。

（1）目的应该是为了渡过难关，避免别人给你制造的麻烦，以免影响你的正事。

（2）这种信念所针对的麻烦应是对抗性的矛盾和冲突，而不是那些鸡毛蒜皮的小事。

（3）着眼于远大目标，致力于成就大事，而不能采取卑鄙的报复行为

（4）这种信念的价值就在于以暂时之吃亏换取长久的利益。

韩信年轻时家境贫穷，既不会溜须拍马，做官从政，又不会投机取巧，买卖经商，整天只顾研读兵书，最后，连一天两顿饭也没有着落，他只好背上祖传宝剑，沿街讨饭。

有个财大气粗的屠夫看不起韩信这副寒酸迂腐的书生相，就故意当众奚落他说："你虽然长得人高马大，又好佩刀带剑，但不过是个胆小鬼罢了。你要是不怕死，就一剑捅了我。要是怕死，就从我裤裆底下钻过去。"说罢双腿叉开，摆好姿势。

韩信竟然弯腰趴在地上，从屠夫裤裆下面钻了过去，街上的人顿时哄然大笑，都说韩信是个胆小鬼。

自此之后，韩信忍气吞声，闭门苦读。后来，各地爆发反抗秦王朝统治的大起义，韩信闻风而起，仗剑如飞。

韩信忍胯下之辱而图盖世功业，成为千秋佳话。假如，他当初为争一时之气，一剑刺死羞辱他的屠夫，按法律被处置，则无异于以盖世将才之命抵偿无知狂徒之身。韩信非常清楚这一点，他宁愿忍辱负重，也不愿争一时之短长而毁弃自己的远大前程。

这并不是屈服，而是退让中另谋进取；这也不是逆来顺受、甘为人奴，而是委小屈求大全，一旦时机到了，他就能如同水底潜龙冲腾而起，施展才干，创建功业。

所以说，吃"眼前亏"是为了不使自己蒙受更大的损失，是为了获得更为长远的利益和更高的目标。"忍人所不能忍，方能为人所不能为。"看似英勇、心气冲天的人其实是莽夫一个，而为了长远利益忍气吞声、宁吃眼前亏的人才是真正的好汉。

林则徐有一句名言："海纳百川，有容乃大。"与人相处，有一分退让，就受一分益；吃一分亏，就积一分福。相反，存一分骄，就多一分屈辱，占一分便宜，就招一次灾祸。所以说：君子以让人为上策。

在战国时期，梁国与楚国交界，两国在边境上各设界亭，亭卒们也都

在各自的地界里种了西瓜，梁亭的亭卒由于勤劳，经常锄草浇水，所以瓜秧长势极好；而楚亭的亭卒很懒惰，所以瓜秧又瘦又弱。然而，楚人死要面子，看着人家的瓜秧长得如此之好，心中很是不服气，就在晚上时偷跑过去把梁亭的瓜秧全给扯断了。

梁亭的人发现后，气愤难平，报告县令宋就，说我们也过去把他们的瓜秧扯断好了。宋就止制道："楚亭的人这样做当然是很卑鄙的，可是，我们明明不愿他们扯断我们的瓜秧，那么为什么再反过去扯断人家的瓜秧？别人不对，我们再跟着学，那就太狭隘了。你们听我的活，从今天起，每天晚上去给他们的瓜秧浇水，让他们的瓜秧长得好，而且，你们这样做，一定不可以让他们知道。"梁亭的人觉得宋就说的很有道理，于是就照办了。后来，楚亭的人发现梁亭的人在黑夜里悄悄为他们浇瓜，便把此事告诉了楚国的边县县令，县令听了之后，感到非常惭愧又非常敬佩，于是把这事报告给了楚王。楚王听说后，也感于梁国人修睦边邻的诚心，特备重礼送给梁王，以示自责，并表酬谢。

做人要懂得忍让，但做到这一点并不容易。忍让，就必须具有豁达的胸怀，在为人处世、待人接物时，不能对他人要求过于苛刻，应学会宽容、谅解别人的缺点和过失，不能心胸狭窄，而应宽宏大度。特别是在小事上，如果能够以宽容之心设身处地地为他人着想，尽量表现得"糊涂"一些，便很容易使人觉得你通情达理，这样便能赢得良好的人际关系。

苦尽自会有"甘"来

吃苦是人生必经的阶段，是走向成功的垫脚石。正如飞蛾的破茧而出是要经历一番痛苦与艰辛的，当尝透了痛苦的滋味，当真正具有了坚定的实力时，它才能够在空中高傲地飞翔。

一天，有个人凑巧看到树上有一只茧开始活动，他正准备见识一下由茧变蛾的过程。

可是，时间一点点地过去了，他再也沉不住气了，只见蛾在茧里痛苦挣扎，将茧扭来扭去的，但却一直不能挣脱茧的束缚。

他实在等不及了，就用一把小剪刀，把茧上的丝剪了一个小洞，让蛾出来可以容易一些。不一会儿，蛾就从茧里很容易地爬了出来，但是那身体非常臃肿，翅膀也异常萎缩，耷拉在两边伸展不起来。那只蛾却只是跌跌撞撞地爬着，怎么也飞不起来，又过了一会儿，它便死去了。

蝴蝶为什么会死？那是因为它失去了成长必须经历的过程。蝴蝶的成长必须在蛹中经过痛苦地挣扎，直到它的双翅强壮了，才会破茧而出，那些不经过痛苦挣扎而生的飞蛾势必夭折。人的成长同样如此，没有经过不幸、挫折、失败磨炼的人是难以担当大任的，即使让他担当大任，也会因为经受不住随之而来的艰辛、曲折、困难的考验而归于失败。

如果人生的历程总要遵循许多规律的话：付出之后的收获，苦尽之后的甘来，磨炼之后的成就，应该都是成正比的，这些正是其中的规律之一。正如孟子所说："天将降大任于斯人者，必先苦其心志，劳其筋骨……"

彭德怀少年时，家里很穷，为了生存不得不为有钱人家放猪，可谓历经磨难，然而正是这些磨难让他变得无比刚强。

举世闻名的大文豪高尔基，早年丧父，11 岁时就给资本家当徒工，也正是这段苦难的童年生活使他更加深刻地懂得了人生，有了过人的深厚的生活阅历，为后来的文学创作打下了坚实的基础。

威廉·亨利布拉格青年时在皇家学院求学。这里读书的人大多是富有人家的子弟，可亨利布拉格衣衫褴褛，拖着一双比他的脚大得多的破旧大皮鞋。富家子弟诬陷他这双破皮鞋是偷来的。有一天，老学监把他召到办公室，两眼死盯着他那双破皮鞋。亨利布拉格当然明白是怎么回事，他拿出一张小纸条交给学监。这是他父亲写给他的一封信，上面有这样几句话："儿呀，真抱歉，但愿再过一两年，我的那双破皮鞋你穿在脚上不再嫌大。如果你一旦有了成就，我就引以为荣。因为我的儿子正是穿着我的皮鞋努力奋斗成功的。"老学监看完信之后，也被深深地感动了。

唯有能吃苦的人才能享受到"苦尽甘来'的幸福。相反的，如果没吃过苦，不具备吃苦耐劳的品性的人是很难在布满荆棘的人生路上走出一条康庄大道来，即使你有优越的条件也不例外。回望历史，又有几个纨绔子弟能够成就大业或有所建树呢？

就拿杜邦家族来说，这个家族是美国的亿万富翁。豪华的别墅、专用飞机、游艇和高级小轿车，家里应有尽有。然而，这个家族的后代却大都是平庸之辈。他们的精神世界苍白空虚，有时竟无聊到专门搞恶作剧，用绒布作食品馅招待贵客，或以数吨水泥散堆于邻居门前。他们躺在先人的财富上寻欢作乐，意志必然会颓废堕落。

在人生的大道上，大凡成功者，大多数是先吃"苦"，然后才会获得"甜"的！所以，能吃苦就是一种资本，一种保证今后能够得到甜的资本。

有一个大学生在找工作的时候，由于读的大学并不出名，而且专业也不是热门，因此考官并不打算录用他。但在面试结束时，他向考官真诚地说了一句："我能吃苦！"这句话改变了考官的主意，就让大学生回去等消息。

第二天，考官专门去学校调查了该大学生，得知他的家境很贫寒，在学校期间一直吃苦耐劳。于是考官就决定录用他，因为这种能吃苦的人才是任何公司都欢迎的。

这个故事说明了一个道理：**能吃苦，吃过苦，这就是资本**！

哲人说："老年遭受艰难困苦是不幸的，这个道理人们普遍知道；少年未经艰难困苦也是不幸的，这个道理却不是每个人都能明白的。"享乐在先，也许会令很多人羡慕，但这只是一个过程，因为你不会永远乐下去，走到终点便是苦。而吃苦在先，同样也是一个过程，你不会永远都苦下去，走到终点时便是甜。

# 低头是为了抬头

做人是一门艺术，有时候，我们应该学会低头与弯曲。今天的低头，是为了明天更好地抬头。

有人向苏格拉底请教道："你是天下最有学问的人，那么你说天与地之间的高度是多少？"苏格拉底回答道："三尺"。那人不解地笑着问道："先生，除了婴儿之外，我们每个人都有五六尺高，如果天与地之间只有三尺，那不是把苍穹都戳破了？"苏格拉底也笑了："是啊，凡是高度超过三尺的人，如果想立于天地之间，就要懂得低下头来。"

自然界的天地，是不需要低头的。其实，我们每个人，都可以大大方方地挺起自己的胸膛，扬起自己的头颅，走自己想走的路，做自己想做的事情。没有人敢让我们低头，我们也从不向任何人低头。天还是那样的天，地还是那样的地。越难，越是要往前去闯；越硬，越是要去碰撞。挺起胸膛，才能显示出男子汉的气概；抬起头来，才能尽显英雄本色。不知有多少仁人志士，宁可站着死，也不跪着生。

然而，生活就是生活，有时候它容不得我们任性地胡思乱想，有时候它教我们不得不低下高昂的头颅。比如：前面有一个山洞，里面充满了神秘，你也想进去探个究竟。而山洞的洞口，却很低。这时候，你是低下头来进去？还是仰起头来返回？当看见有人从这个山洞里背着珍贵的宝藏出来的时候，你就会发现，低头也是我们所需要的。在很多情况下，低下头来，是一种聪明和智慧，也是一种大度和从容。能低者，方能高；能曲者，方能伸；能柔者，方能刚；能退者，方能进。

有时候，在现实的面前由不得你不低头。想象和现实，往往会有很大的距离。你想骑马飞驰，可眼前能找到的只有一头驴。是坐在那里等马？

还是骑上毛驴先行？想当元帅，必须先当士兵；想当爷爷，必须先当孙子。人在屋檐下，不得不低头，不低，就会碰得头破血流。

有时候，在错误面前你不得不低头。人生在世，每个人都可能犯这样那样的错误。错误是对别人的伤害，只有低头才能弥补。低头不是屈辱，而是应该付出的代价。廉颇向蔺相如低头，不但没人笑话，反而传为美谈。这个世界本来就是由矛盾组成的，很多的矛盾和纠葛，也不是在硬碰硬中解决的，而是在低头中令人悦服。

有时候，面对欲望人不得不学会低头。人的欲望是没有止境的，就像海里的水，喝的越多，越感到口渴。职务，总是看着别人高；权利，总是看着别人大；金钱，总是看着别人多；老婆，总是看着别人好。然而，当你低下头来时，才会发现，很多东西也只是过眼烟云，皆为身外之物。

对于这种低头退让的做法，伟大的导师列宁有着自己的见解："应当善于分析每一个妥协或每一种妥协的环境和具体条件。应当学习区分这样的两种人：一种人把钱和武器交给强盗，为的是要减少强盗所能加予的祸害和便于后来捕获、枪毙强盗；另一种人把钱和武器交给强盗，为的是要入伙分赃"。

富兰克林年轻时曾去拜访一位德高望重的老前辈。那时他挺胸抬头迈着大步，一进门，他的头就狠狠地撞在门框上，疼得他一边不住地用手揉搓。出来迎接他的前辈看到这种情景，笑着说："很痛吧！可是，这将是你今天访问我的最大收获。一个人要想平安无事地活在世上，就必须时刻记住：该低头时就低头。"富兰克林把前辈的教导看成是一生最大的收获，并把它列为一生的生活准则之一。富兰克林从这一准则中受益终生，后来，他在一次谈话中说："这一启发帮了我的大忙。"言外之意就是告诉人们：做人不可无骨气，但做事不可总是高昂着头。

用平和的心态去生活，并在必要的时候学会低头，这样才会为自己创造一个美好的未来。不然，一味地固执，一味地高傲，那么得到的将是悲惨的结局。

看那山谷中迎着风雪的雪松，多么高傲！然而，当积雪达到一定程度时，雪松那富有弹性的枝就会向下慢慢弯曲，直到积雪从枝上一点一点地滑落，这样反复地积，反复地弯，反复地落，风雪过后，雪松依然完好无损。而其他的树，因为不懂得弯曲，枝丫早被积雪压断了，摧毁了。一堆巨石被山洪冲到草地上，把一片小草压在下面，小草为了呼吸那清新的空气，享受那温暖的阳光，于是就聪明地改变了方向，沿着石间的缝隙弯弯曲曲地探出了头，冲出了乱石的阻隔。

人的一生总会遇到这样那样的事情，人的一生总会承受这样那样的压力，坚强地承受命运的考验当然是值得赞扬的，但是，当你脆弱的心灵无法承载苦难时，不妨弯曲一下，就像就像雪松那样暂时让一步，这样就不会被压垮；就像小草那样，灵活地拐个弯，这样就不会被扼杀。这便是低头得来的回报，有时候它亦不失为一种明智的选择。

经营长处，使你幸福倍增；

经营短处，使你痛苦一生

在我们的人生中，很多人总是努力地发掘自身的缺点和不足，以求找到自己与他人的差距，从而对症下药，奋起直追。但往往会事与愿违，结果不仅会陷于深深的苦恼和自卑之中，甚至还误入疲于奔命的歧途。

为什么会这样呢？那是因为人们老盯着自己的弱项不放，却忽视了自己的长处。而且更令人遗憾的是，他们根本就不懂得如何扬长避短，发挥自己的优势，经营自己的长处。

然而，当你找到了自己的强项，并且努力地将它发挥出来的时候，你便能够一步步地走向成功。

在广袤无边的大草原上，一只小羚羊忧心忡忡地问老羚羊："这里一望无际，没遮没拦的，我们又没有锋利的牙齿，难道天生就要成为狮子、老虎的腹中之物不成？"老羚羊回答道："别担心，孩子，我们的确没有锋利的牙齿，但我们却拥有可以高速奔跑的腿。只要我们善于利用它，即使再锋利的牙齿，又能拿我们怎么样呢？"

世上的万事万物，都各有所长，鸟儿因其翅膀而翱翔天空，鱼儿因其善水而遨游江河，它们领先自己独有的特长成为万物中的一员，在激烈的生存竞争中占得一席之地。

迈克·约翰逊是美国著名田径运动员，他的跑步姿势"与众不同"，像企鹅一样摇来摆去，看着很笨拙。很多教练开始时并不看好他，甚至连他的同行都讥笑他是"跑道另类"，不可能有所成就。可是，约翰逊不仅保持这独特的姿势，而且勇创佳绩，打破了由意大利选手门内阿保持了20多年之久的男子200米世界纪录，奠定了他在这个项目上的王者地位。

一位商贾好不容易把儿子送进了一所有名的重点学校，可是不曾想，儿子不但不专心学习，而且还经常逃课到附近的一个采石场去玩。时间一长，他不仅对錾削的叮当声感兴趣，更是对石雕着迷，近乎痴狂。商贾知道这一情况后，并未粗暴呵斥、横加阻挠，反倒果断地改弦易辙，将儿子转学到一与石雕技术有关的艺术学校。父亲的这一做法改变了儿子的一生，也成就了一位卓越不凡的工匠。

国际商业机器总经理之托马斯·活森，在小的时候是个末流学生。在读公司商业学校时，各科学业也只是勉强过关而已。后来，他开始学飞行，发现驾驶飞机时他竟是那样得心应手，这使他对自己的信心倍增。第二次世界大战时，他当上了一名空军飞行官。这段经历使他意识到自己"有一个富有条理的大脑，能抓住主要东西，并能把它准确地传达给别人"。后来，沃森继承了父亲的事业成为公司总经理，使公司迅速跨入了计算机时代，并使年盈利率在15年里增长了10倍。

美国希尔顿国际饭店集团的创业者、闻名遐迩的企业家唐托德·希尔顿，在年轻的时候非常地穷困潦倒。有一天，他到雅典一家银行去应聘一个守卫的工作，由于他除了自己名字之外什么都不会写，自然没有得到那份工作。失望之余，他借钱渡海去了美国。很多年后，一位希腊大企业家在华尔街的豪华办公室举行记者招待会，会上，一位记者提出要他写一本回忆录，这位企业家回答："这不可能，因为我根本不会写字。"所有在场的人都大吃一惊，这位企业家接着说："万事有得必有失，如果我会写字，那么我今天仍然只是一个守卫而已。"

美国微软公司总裁比尔·盖茨，其最高文凭是初中，在哈佛大学他没读完就经营他的电脑公司去了，他后来的成功令人刮目相看，赞叹不已。再比如法国近百年来最年轻的首相梅杰，47岁登上首相宝座，为世人所瞩目。然而，他16岁时因成绩不好而退学，后又因心算差未被录取为公共汽车售票员。好多人就是不明白：一个连售票员都不能胜任的人怎么当了首相？针对这种怀疑，梅杰一次谈话中回答说："首相不是售票员，用不着心算。"

从上面的所有例子中我们可以得出一个结论：一个人能否取得成功，并不完全取决于学历的高低，在很大程度上取决于自己能不能扬长避短，能不能经营好自己的长处。这些人正是懂得发现自己的特长，并且将它充分地开发出来，运用智慧好好地经营，久而久之，上苍终于不负厚望给了他们一个美好的人生。

在人生的坐标系里，一个人如果站错了自己的位置，那将是非常不可取的，他可能会因此而永久的卑微，而且还会失意中不由自主地沉沦。因此，发挥自身的一技之长相当重要，它也许就是你改变命运的法宝，也许它会成为你生命里一个转折点。

在选择职业时你更要明白这个道理，你无须考虑这个能不能使成名，你应该选择最能发挥自己特长的职业，你应该选择最能使你全力以赴的职业，当你做了这样的选择并为之进行不懈努力时，你便会拥有一个美好的明天；而当你任性、固执地为所欲为，非要跟着自己的感觉来选择自己的职业时，也许在前面等待你的将是无边的痛苦深渊。这是因为经营自己的长处会让你的幸福增值。而经营短处只会给自己带来挫败的烦恼与忧愁。

因此，你现在唯一需要做的事情便是：清醒地认识自己，发现自身的优势，把它变成明天成功的基石。

9

真诚多一点，幸福多一点

没有阳光的照耀，我们就无法健康地成长。没有真诚，我们就无法确切地感知幸福。真诚就像照在人们心灵中的阳光，它会使人的精神焕然一新；相反，虚假和伪善只会让人灰心丧气，让人对生活失去信心。因而，应该让真诚的阳光普照世界的角角落落。

# 见到"利"时，可别忘了"义"

《中国青年报》曾经报道，杀害见义勇为者周光裕的劫匪已被抓捕并判死刑，南京市委市政府高度赞扬周光裕见义勇为、自强创业、诚实守信的高尚精神，分别追授追认他为"见义勇为英雄"、"革命烈士"等称号，并号召广大市民向他学习。

见义勇为者确实应该得到尊重，但是让我们回过头来看看其他见义勇者，是不是也得到了同样的待遇呢？

陕西长安县王正乐冒着生命危险下到 50 米的深井里救人，摔成骨折后因负担不起医疗费被救助者打了两年官司；四川内江舍身救火少年英雄郑彬严重烧伤致残，火灾事故责任人和单位拒不赔偿，英雄因失去生活来源沦为乞丐；济南飞区连指导员罗顺喜因救助被行李砸伤老者被其子讹诈2000 元；铜梁县勇擒抢匪的农家汉子汤永红，被歹徒刺穿左胸因无钱医治正无助地躺在床上忍受伤痛和心痛的煎熬。

同样的见义勇为为什么却有完全不同的待遇呢？

因为他们没牺牲，如果王正乐献身了，如果郑彬烧成灰了，英雄流血又流泪的悲剧就不会上演；如果他们都牺牲了，死人不需要治疗不需要医药费，英雄拉下面子状告被救助者的场面就不会出现，所以透过事情的现象我们看到的是钱。讹诈罗顺喜的老人需要 2000 元住院押金钱，诬赖"城管打人"的老太太需要 3 万元医疗费钱。

助者被诬为伤害者，正是因为钱！按理来说，被救助者应该心存感激才对，可是他们的良知却被埋没，这一切都是因为钱！让英雄既流血又流泪，正是因为钱，英雄的义举和被救助者的良心在金钱面前黯然失色。

也正是因为钱，社会上才会存在阴暗腐败的一面；也正是因为钱，学校才乱收费，医院才乱算账，政府才乱摊派，连火葬场也为抢夺尸源乱给回扣大发死人财；因为钱，有人暗偷有人明抢；因为钱，小小的县移民办主任可狂贪上亿元，国家元首可以买官卖官大搞贿选；因为钱，全世界都在高呼反腐败可是全世界却又在偷偷地腐败。

两伊战争是为了钱，老美狂轰伊拉克是为了钱，拉登正是因为有钱所以才敢对抗老美。1500 美元可以包装一个人肉炸弹，2.5 万美元可以招到一个人肉炸弹自愿者，有人甚至在街头拦住沙菲（阿拉伯解放战线领导人）激动地告诉他说，只要能够把奖金提高到 5 万美元，他愿意马上去当一枚人肉炸弹。

小钱买人，大钱买国，南联盟迟迟不同意老美提议的"引渡法"，但老美一冻结对南 4000 万美元的援助，威胁停止一切金融支持，南联盟就乖乖就范，立马通过"引渡法"。

在这个物欲横流的社会里，很多人的心灵被金钱蒙上了阴影。然而，我们是一个优秀的民族，我们是一个有着良好道德教养的民族，请在见到"利"时，多想想社会的良知、责任和正义。社会是需要金钱，但却不是仅仅由金钱组成的。倘若世界只剩下了金钱，那么世界就没有存在的意义了。

# 信誉就是人生最好的资本

　　年轻、财富、学识、友谊，毫无疑问都是人生的资本，但这些都不是最重要的。人生最重要的资本，是信誉。一个没有信誉的人，是不可能取得人生的成功的。那些流芳百世、举世闻名的成功者，他们大都是以良好的信誉为自己开辟前行的道路的。

　　顺治、康熙年间，有一个名叫吴士东的徽州商人，他在苏州阊门外开了一个小店铺。顺治十六年（1860 年），太平军攻陷苏州，城中百姓和商家都纷纷四处逃散。

　　就在这种情形下，一位江西商人满载丝棉织品的货船驶进了苏州城。他看到苏州城里冷冷清清的样子，感觉到生意可能不会像预料之中的那样顺利了。没过多久，他就了解到自己以前的老主顾大都弃店而逃了。

　　正在走投无路的时候，江西商人一抬眼看到了吴士东的小铺子，于是便走了过去。

　　江西商人诉说了自己的难处，想请吴士东帮忙，把他这批货留下。吴士东说："我这间小铺子，囤不了这么多的货啊！"

　　江西商人说："囤下多少是多少，剩下来的扔掉也行。不然，要我自己扔，实在是太心痛了呀！"说完这话，江西商人就让人下了货，匆匆地离开了。

　　在这以后的一年多里，吴士东东奔西走，把江西商人的货散发给各地的商家。后来，战争结束了，吴士东碰到再次来苏州的江西商人时，便将上次的货款分文不少地交到他的手上。江西商人感动不已。

　　此后，吴士东的铺子虽然还是那么小，但是各地的客商都愿意和他交易，他们想亲自感受一下吴士东的诚信，并对这样的诚信表达一种尊敬和

向往。

在这个故事中，吴士东正是靠自己的诚信打动了江西商人的心，也正是他的诚信为自己建立起了良好的信誉，从而有许多客商都愿意与他做生意。他把货款分文不少地交到江西商人手上，在一般人看来也许实在够不上精明，但是正是这种诚实与坦然成就了他，其实这是一种大的精明。

很久以前，有一个名叫皮斯阿司的意大利人触犯了国王，被判绞刑，几天后在特定的日子中将被处死。然而，皮斯阿司希望在临死之前能与母亲见最后一面，以表达他对母亲的歉意。他的这一要求被告知了国王。国王被他的孝心所感动，允许他回家，但条件是他必须为自己找个替身，暂时替他坐牢。也许你会说有谁肯冒着被杀头的危险替别人坐牢，可是，茫茫人海，就有人不怕死，他就是皮斯阿司的朋友达蒙。

达蒙住进牢房以后，皮斯阿司回家与母亲诀别。日子一天天地过去了，皮斯阿司还没有回来，人们都说达蒙被骗了。行刑日是个雨天，当达蒙被押赴刑场之时，人们都在嘲笑他的愚蠢。刑车上的达蒙面无惧色，慷慨赴死。

追魂炮被点燃了，绞索也已经挂在达蒙的脖子上。人们都在为达蒙而感到惋惜，并痛恨那个出卖朋友的小人皮斯阿司。然而，就在这千钧一发之际，在淋漓的风雨中，皮斯阿司飞奔而来，他高喊着：我回来了！我回来了！

这一幕太感人了，许多人都还以为自己是在梦中。这个消息很快就传到了国王的耳中，他亲自赶到刑场，他要亲眼看一看自己优秀的子民。最终，国王万分喜悦地为皮斯阿司松了绑，并亲口赦免了他的刑罚，还宣布任命皮斯阿司为司法大臣，任命达蒙为礼仪大臣，协助国王治理国家。后来，意大利在他们的治理下，很快就走向繁荣富强。

这就是信用的巨大力量。正是皮斯阿司的诚实守信感动了国王，才让自己免于刑罚；也正是本着诚信治国的宗旨，意大利才有了一个辉煌的历史。由此可见，**无论一个人，还是一个组织，甚至一个国家，当信用成为安身立命的尺度之后，就可以改变成败，掌控生死，就可以创造历史了。**

在这个物欲横流的社会上，我们最需要的是坚守信誉的人。随着人类欲望的膨胀，经济的日益发展，很多人总是为了获取自己的利益而学会了撒谎，诚实也变得越来越罕见了。也许正是因为难能所以才可贵了。坚守信誉的人，往往会诚实无欺，表里如一；他们坚持自己的良知不动摇，哪怕是天翻地覆，也会毫不犹豫地承担自己应有的责任；他们能明辨真理，对邪恶也有恰如其分的认识；他们既不夸耀，也不逃避，他们勇敢却不叫嚣，知道自己该做什么，而且总是尽心尽力；他们凡事不撒谎、不退缩；他们不怕大声拒绝别人，也敢于直截了当地对别人说："我不能……"

"人无信，则不立；业无信，则难兴"当你拥有了一个良好的信誉时，朋友便会聚集到你的身边，当你拥有了良好的信誉时，生意才会越做越好。这个时候，你既具有了人脉，又具有了金钱，这不就是人生最大的资本吗？

 # 学会换位思考

　　在我们的生活中，很多人拼命地工作着，可是总也不会成功。究其原因就是不懂得换位思考。当你换一个角度来看问题时，往往会带来一种新鲜感，带来另一种分析结果，甚至能够改变自己的思维和判断，让自己的工作、生活充满活力与希望。

　　所谓的换位思考，就是换一个角度看问题，并不是一成不变的跑直线，就像我们平常所说的那句话，顺着一条道跑到黑，不撞南墙不回头，甚至是撞到了南墙都不回头。

　　很久很久以前，有一个老太太，整天哭哭啼啼。有一位先生看到后问她："老人家为何整天哭泣啊？"老太太说："我有两个女儿，都靠做小买卖为生，大女儿卖布鞋，小女儿卖雨伞。因为雨天无人买鞋，晴天无人买伞，这老天非晴即雨，怎不叫我无时不担忧，无日不落泪啊？"

　　那位先生听了，大笑道："哈哈，老人家错矣！雨天无人买鞋，有人正好买伞，晴天无人买伞，有人正好买鞋呀，换个角度看，你老人家每天都有一个女儿生意兴隆，何不天天高兴啊？"

　　老太太听后，破涕为笑。

　　一个简单的故事却包含了一个深奥的道理：同样的一件事情，当我们换一个角度去观察与思考时，就会有不同的收获，有时候，还会给我们带来"山重水复疑无路，柳暗花明又一村"的惊喜。

　　有一个老师在黑板上点了一个黑点，问同学们看到了什么，有百分之九十九的同学都会回答是一个黑点，老师回答同学们说："我们怎么就只盯着这个黑点，看不到这么大的一块黑板啊？黑板上的黑点小得微不足道，但如果只盯住它，你们看问题就会是以点代面，以偏概全，就会一叶

障目，不见森林，影响对事物的正确判断。"

有一个作家说，大海是多么伟大，人类是多么渺小，然而渔夫却笑着说："海懂得什么呢?"海虽然已存在千百年，也许它还会一直存在下去，但它永远都不可能意识到自己的存在。这就是换位思考，从不同的角度看问题，却得到截然不同的结果。

既然这样，当我们遇到事情的时候，特别是遇到阻力和困难的时候，不要做所谓的钻牛角尖的事情。任何事情都有其不同的两个方面。

如果你没有美丽的容颜，但是你可以展现自己的笑容；我们不能改变天气的变化，但是我们可以改变自己的心情；在人生的道路上，我们不可能样样都顺利，但是我们可以做到事事尽心。

当饥饿来临时，看着面前的半个面包，不同性格的人有不同的看法，悲观的人会说："唉，只有半个了啊?!"而乐观的人则会说："天啊，还有半个面包呢!"半个面包还是半个面包。瞧瞧，换个角度去思考问题，世界就是完全不一样的。

当我们非常努力地工作，但是却没有得到领导的重用。很多人就会一个劲儿发牢骚甚至自暴自弃，然而这是于事无补的。其实，冷静下来，换个角度去看问题时，我们就会发现，没有得到领导的重用，说明我们做得还不够，努力还没有到位，然后想想自己还有哪些地方需要改进，继续努力，时刻准备着，当机会来临的时候我们就会成功了。

当我们所爱的人狠心离去时，甚至这个人是我们深深爱着的人，可是当事实无法挽回的时候，我们不要仇恨也不要埋怨，回想一下以前的快乐时光，告诉自己今天他离开一定是有原因的，也许还会有一个更好的在前面等着自己，换个角度看问题，就会让我们变得越来越宽容，越来越坚强，也越来越成熟。

在交往中学会换位思考，首先是站在别人的立场上设身处地替对方着想，这样就能够通情达理地谅解对方的行为和态度。如果你有一个心爱的东西，当别人向你借时，你是否会大大方方地一口应承呢? 你自己心中会怎样考虑别人的要求呢? 将心比心，别人也会如此。当你意识到别人的难处时，就很容易宽容和谅解别人了。

其次，通过换位思考，还可以学会"己所不欲，勿施于人"。你不喜欢别人在背后议论你，那你就不要在背后说人家的坏话，也不要轻信他人在背后摆弄是非,"来说是非者,便是是非人。"当你对别人作出某种行为或表示某种态度时,就应当考虑自己的行为可能会给对方带来什么样的影响。如果会给对方造成痛苦的话,那么就应当考虑如何改变自己的行为了。

其实,每个人的人生都不可能一帆风顺,在我们的生命中总会遇到一些波折,只要我们换一个角度去思考问题,一切都将会有所不同。

生活,带给我们很多欢笑很多快乐,我们应该真诚地感激生活。生活,让我们懂得了什么叫痛苦与悲伤,它让我们找到了真正的自我!我们应该庆幸,自己还拥有健康的身体,还拥有幸福的生活。**不要感叹别人的富足,不要羡慕别人的权势,因为我们的生命中也有很多别人羡慕的精彩。抛开那些无休止的欲望,因为它只会让人徒增烦恼。**

当我们对前途感到迷茫时,当我们无法抵达理想的彼岸时,当我们因自卑而心力交瘁时,当我们痛失爱人时,不妨换个角度去看待发生在我们身边的事情,也许你的心情便会豁然开朗,也许你的人生便会有一个巨大的转变!

先理解别人，再争取别人理解自己

理解别人可不是一件简单的事情，在这个纷繁复杂的世界上，大多数人都渴望被别人理解，但是并不愿意或者并不会主动去理解别人。有句名言是这样说的："若要人敬己，先要己敬人！"理解同样如此，想要被别人理解，就得先理解别人。人际交往是平等的、双向的过程，就像有付出才会有收获一样。所以，如果你想寻求别人的理解，那么你就得先试着努力去理解别人。

理解别人在人际交往之中显得尤为重要，当你理解了别人时，你就有可能达成自己的目的，而当你并不明白别人心中的真实想法，甚至妄加猜测时，你就可能会失去即将到手的好机会！

试想一下，你到一家鞋店去买一双新鞋。售货员会问："你想买什么样的鞋？"

"噢，我想买……"

他打断你的话说："我想我知道你喜欢什么样的鞋。人人都穿着这种鞋，相信我的话没错。"

售货员匆匆拿来一双你所见过的最难看的鞋，然后对你说"看看这鞋怎么样？"

"可是我真的不喜欢。"

"人人都喜欢的，这是目前最热销的式样。"

"我想找双别的样子的。"

"保证你会喜欢的。"

"可是我……"

"听着，我已经卖了 10 年的鞋了，好坏我一眼就看得出来。"

　　听着这样的话，你还会在这家鞋店买鞋子吗？当然不会了。你还会再来这家鞋店吗？当然不会了。为什么会这样呢？其实，那是因为你不会再相信那些在还没有了解你的需要就给你答案的人。

　　然而，我们在与人谈话的时候也经常犯类似的错误。在生活中我应该多花了一点时间去听别人讲话，不要急于下结论，不要急于提建议，我们可以表明我们十分在乎。

　　我们要学会倾听别人的说话，千万不要先入为主，需要从别人的角度出发。用罗伯特·伯恩的话说是："要知道别人的鞋子的气味，你就得穿上别人的鞋子走上几公里。"我们应该以别人的眼睛去看世界，以别人的感受去感受世界。

　　有一次，杰克和约翰一同去曼哈顿出差。早上，当他们在旅店点完饭菜之后，约翰说："我出去买份报纸，一会儿就回来。"

　　过了一人儿，约翰空着手回来了，嘴里嘟嘟囔囔地发泄着怨气。"怎么啦？"杰克问。

　　约翰答道："我到马路对面的那个报亭，拿了一份报纸，递给那家伙一张 10 美元的票子，让他给我找钱。他不但不找钱，反而从我腋下抽走了报纸，还没好气地教训我，说他的生意正忙，绝不能在这个高峰时间给人换零钱。看来，他是把我当成借买报纸之机换零钱的人了。"

　　约翰认为，这里的小贩傲慢无理，不近人情，素质太差，并劝杰克少同他们打交道。杰克请约翰在旅店门口等一会儿，自己向马路对面的那个报亭走去。

　　杰克十分温和地对报亭主人说："先生，对不起，您能不能帮个忙。我是外地人，很想买一份《纽约时报》，可是我手头没有零钱，只好用这张 10 美元的票子。在您正忙的时候，真是给您添麻烦了。"

　　卖报人一边忙着一边毫不犹豫地把一份报纸递给杰克，说："嗨，拿去吧，方便的时候再给我零钱！"

　　当约翰看到杰克高兴地拿着"胜利品"归来的时候，疑惑不解地问："杰克，你说你也没有零钱，那个家伙怎么把报纸卖给你了？"

　　杰克回答道："我的体会是：如果先理解别人，那么自己就容易被别人理解。如果总想让别人先理解自己，那么自己就容易觉得别人不可理解。如果用理解来表达需要，那么自己的需要就容易得到满足。"

这个故事中，杰克之所以会成功，完全在于他真诚地表达了自己理解别人的心情，同时又委婉地表达了自己的需要。试想一个能够理解别人的人，别人也一定会回报你同样的理解。这正如杰克自己所说的：如果用理解来表达需要，那么自己的需要就容易得到满足。其实，这就是先理解别人，再争取别人理解自己的现实案例。

理解是一种体贴，是一种宽容，是一种高尚，是一种升华。或许我们并不能做到"海纳百川，能容乃大"，但是我们却可以用一颗坦诚的心去面对身边的人与事。

理解是相互的，没有纯粹的去理解，也没有纯粹的被理解，理解是心与心的对话。

只有当我们去理解了别人时，才会赢得别人的理解，如果只是一味地去索取又哪里会得来回报呢！

做到真正的理解需要一种崇高的境界。这就如同崇尚金钱的人理解不了清贫，追逐名利的人理解不了廉志，势利小人理解不了平淡，无志之人理解不了鸿志之士。只有当我们过滤了生活的杂质之后，才能悟出一种高境界的理解，理解不图回报的付出，理解漠视钱财的追求，也就理解了自己行为里的价值。

理解有时是对人生的一种领悟，或者说一种彻悟。只有胸怀坦荡的人，只有敞开心扉的人，才会用人性的善良，才会用火热的爱心，去理解别人的痛楚，理解别人的需求，也理解付出的内涵与本质。

理解是幸福的基石。幸福是一种情感的回味与感动，幸福是人生领悟的一种感觉，透彻地去理解会成就我们的幸福。毕竟，理解会给别人带去快乐，而被理解也会给自己带来幸福，在别人的快乐与自己的愉悦里，理解与被理解，付出与得到，当中会是一种情感的归依，当心灵没有累赘时，当回忆没有悔恨时，那或许就意味着我们会拥有无边的幸福了。一个心存芥蒂的人，一个以自我价值为中心的人，一个只知道索取的人，他的幸福又会在哪里呢？

人生在世，请让理解伴随自己，理解别人，然后再争取别人的理解吧！当你真正地学会了理解时，人生将会有别样的精彩！

 # 真诚地赞美身边的每个人

没有阳光的照耀，我们就无法健康地成长。赞美就像照在人们心灵中的阳光，它会使人的精神焕然一新；相反，尖刻的批评也只会让人灰心丧气，让人对生活失去了信心，因而，应该让赞美的阳光普照世界的角角落落。

我们的生活需要赞美。一句真诚的赞美，能够让一个身处困境的人精神振奋，继续踏上坎坷的人生道路。同样，一句尖刻的批评，则会使一个锐意进取的人心灰意冷，陷入绝望的境地。

很久以前，有一位富翁家里请了一位擅长"烤鸭"的厨师。他做得烤鸭美味可口，堪称一绝。可是这位富翁只知道品尝美味，却从来没有赞美过厨师的手艺。于是，厨师每次给富翁端去的都是只有一条腿的烤鸭。

富翁很纳闷："为什么你烤的鸭子只有一条腿？"厨师回答："鸭子本来就是一条腿，我还能烤出两条腿来！""胡说！鸭子明明是两条腿。"富翁说道。

厨师不再辩解，转身推开窗户，请富翁向外看。只见不远处的水塘边有一群鸭子，正在打盹儿，缩起了一只脚，只用一只脚站立。于是厨师说："你看，鸭子真的是一条腿嘛！"

富翁心里很是不爽，于是两手用力鼓掌。掌声响起来，鸭子被突然惊醒，纷纷走动起来。富翁得意地说："你看，每一只鸭子都有两条腿啊！"

厨师不慌不忙地说："对嘛！如果你品尝这美味烤鸭时，也能鼓掌一下，称赞几句，烤鸭不就也有两条腿了吗？"富翁听了，无言以对。

从此以后，富翁每次品尝美味时，都不忘要真诚地夸奖一番。当然，他再也没有吃过一条腿的烤鸭。

由此可见，赞美的话是人人都渴望听的，当你真诚的赞美他人时，必将也会得到自己应该得到的回报。富翁的赞美赢得了厨师的欢心，也得到了自己想要的两只腿的烤鸭。

有一个名叫詹尼特·格雷厄姆的服务员，他在熙熙攘攘的纽约杂货商店里忙活了整整一天，累得精疲力竭。他的帽子歪向一边，双脚越来越疼，装满货物的托盘在手中也变得越来越沉重。他感到非常的沮丧：自己什么也做不好。他好不容易为一位顾客开列完繁琐的账单——这家人有好几个孩子，他们几次三番地更换冰激凌的订单——他真的准备撂挑子了。就在这时，这家人的父亲递小费给詹尼特，笑着说："干得不错，你对我们照顾得真是太周到了！"顷刻间，詹尼特的疲倦感无影无踪了。面对顾客的赞美，他会心地笑了。后来，当经理问到他对头一天的工作感觉如何时，他回答说："挺好！"

其实，在生活中，这样的事情比比皆是。一句善意的赞美会让我们得到身心的愉悦，一句善意的赞美会给我们莫大的鼓励！

真诚的赞美是取得成功的法宝，约翰·洛克菲勒就是这样走向人生的辉煌的。

爱德华·贝德福特是洛克菲勒的合伙人之一，他在南美的一次生意中，使公司损失了100万美元。洛克菲勒当然可以指责贝德福特，然而他并没有这样做，他知道贝德福特已经尽力了，再说事情已经发生了说什么也无法挽回了。所以洛克菲勒另找其他的事称赞贝德福特，说他节省了60%的投资金额，并且说道："我们并不能总是像巅峰时期那么好。"

真诚地赞美别人，是每个成功者之所以成功的主要原因。因为人人都有渴望赞美的欲望，当你满足了别人这个小小的欲望时，别人也会更加的接近你，从而帮你顺利地抵达自己的目的地。

真诚的赞美可以调动人们的积极性，激发人们的潜能，使他们做得更多、更好。对于那些看似并不优秀的人来说，赞美可以改变他们的心态，甚至可以改变他们的一生。在学校中一些学习成绩差的孩子，因为教师无意中的一句赞美变得勤奋好学的例子，俯拾皆是。

行为科学家做了这样一个实验：他们将若干名小学生分为三组，并连续五天进行算术测验。一组学生自始至终总是得到老师对他们前次测验成绩的表扬，另一组一直得到批评，而对第三组却采取不闻不问的态度。

　　结果是：一直得到表扬的学生成绩大大提高；受到批评的学生也有所改进，但不大明显；被忽视不理的学生，他们的分数几乎毫无长进。令人感兴趣的是，最聪明的孩子无论受到表扬还是批评都能有所进步，而学习能力差一些的学生则对批评的反应不佳，他们需要以表扬为主。然而也就是这些孩子们，在一般的学校里，他们很少得到适当的鼓励和表扬。

　　由此可见，赞美在对学生起着多么巨大的作用。

　　当你学会了赞美时，你就会得到许多意想不到的收获。人最不应当吝啬的就是赞美，赞美他人是一个人有修养的表现。一句赞美的话胜过几剂良药，能化解干戈，给人愉悦。赞美是一种美德，它能给人一种无形力量，足以让人鼓起勇气，建立自信。赞美是最好的鼓励，它不仅能给对方带来好运，而且可以使自己心情舒畅。在现实生活中，每个人都曾得到过别人的赞美，也曾赞美过别人。真诚地赞美别人和得到别人真诚的赞美，都是一件非常快乐的事情。

　　我们在赞美他人的时候，一定要以真诚为前提。唯有真诚地赞美才会让人如坐春风，虚情假意地赞美，往往被人认为是讽刺挖苦或者是溜须拍马，让人感到恶心、让人鄙视。真诚地赞美一定是来自灵魂深处，一定是对被赞美者真诚地羡慕和钦佩。当你的赞美足够真诚的时候，一定会使对方受到感染，从而产生心灵的共鸣。

　　用你智慧的双眼去发现别人的长处吧，并真诚地给予赞美，给他人带来愉悦的同时，也会让自己有更多的收获。

10

胸怀坦荡的人与幸福最有缘

　　胸怀是一种宽容的力量。一个人真正能够做到恢宏大度、胸无芥蒂、肚大能容、纳吐百川，内心便有了一束不灭的阳光，永远晴空万里。胸怀坦荡的人能够尊重别人不同的看法、思想、言论、行为、宗教信仰。当然，他们也会有和别人意见不同的时候，但他们懂得尊重别人的选择，给予别人自由思考和行为的权利。

# 欣赏别人是件快乐的事情

欣赏是一种陶冶，一种提高，一种收获。一个善于欣赏别人的人，必定是一个丰富的人；一个被别人欣赏的人，必定是一个出色的人。

欣赏，能够使人在潜移默化中得到提高。如果你想成为一个出色的人，那么就得学会欣赏比自己更出色的人。一个不会欣赏别人的人，也永远不会被他人欣赏。只有正确地欣赏别人，才会使自己变得更加出色。

有一次，苏轼与佛印禅师一起打坐。他对佛印开玩笑说："我在打坐时，用我的天眼看到大师是团牛粪。"佛印说："我在打坐时用我的法眼看到你是如来本体。苏轼回家后得意洋洋地告诉妹妹。"苏小妹说："哥哥，你实在输得太惨了。你难道不知道修行的一切外在事务都是内心的投射吗？你的内心是一团牛粪，所以看到别人也是一团牛粪；人家内心是如来，所以看到的你也是如来。"

这个小故事还可以这样看：你喜欢别人，别人也就喜欢你；你欣赏别人，别人也就欣赏你；你帮助别人，也就是帮助自己。古语云："欲将取之，必先予之"，"汝爱人，人恒爱之。"就是这个道理。

有人在一个生活圈子里做过这样的游戏，让每个人写出最有好感的人员名单，同时也写出最讨厌的人员名单。最后统计发现一个规律：你产生好感的那些人，往往是对你有好感的人；而你所讨厌的人，往往也是讨厌你的人。

人与人之间的关系往往是相互的，与人为善，也是与自己为善。当你用欣赏的眼光看别人时，别人也会向你投来欣赏的眼光；当你用鄙视的眼光看别人时，别人也会向你投来鄙视的眼光。盛开的鲜花会引来蜜蜂和彩蝶，而发臭的瓜果蔬菜，只能招来苍蝇和蚊子。

曾经有一个坏孩子，他偷偷地向邻居家的窗户扔石头，还把死兔子放在桶里，放在学校的火炉里烧烤弄得臭气熏天。他九岁那年，父亲娶了继母并对继母说："亲爱的你要好好的注意他，不然他会向你扔石头，他是全天下最坏的孩子。"继母好奇地走向这个孩子。当她对孩子有了了解后，她说："你错了，他并不是全天下最坏的孩子，而是最聪明的孩子，只是还没有找到发挥他聪明的地方罢了。"

继母很欣赏这个孩子，在她的引导下这个孩子的聪明得到了发挥，后来成了美国著名的思想家和企业家，这个人就是戴尔·卡内基。

台湾作家林清玄去一家羊肉馆用餐，老板拿来一张二十年前的旧报纸，那里有林清玄的一篇文章，那是他在报社当记者时写的一篇关于小偷的报道。小偷手法高超，作案几千次也没有被警察抓到，最后栽倒在一个反扒高手的手里。作者感叹到：手法如此灵巧，作案如此高超的小偷，做任何一件事情都会有成就的吧！老板告诉他："我就是那个小偷，是你的一句话引导我走向了正道。"

卓别林在小的时候，有一年圣诞节学校组织合唱团，卓别林却落选了，他很沮丧。一天在班上卓别林背诵了一段喜剧歌词，博得了大家的喝彩。老师说："虽然你唱得不好，但你的表演很有幽默的天分。"

后来，父亲早逝，母亲患上严重的精神病。为了生计，卓别林到剧院大厅，希望能演上一个角色。一天，伦敦一家剧院要上演一出戏，剧院老板答应让卓别林演一个孩子的角色。演出并不成功，《伦敦热带时报》在批评该剧的同时却说："幸而有一个角色弥补了该剧的缺点，那就是报童桑米，以前我们不曾听说过这个孩子，但可以预见，在不久的将来定会看到他不凡的成就。"

后来年轻的卓别林获得了一个去美国演出的机会。不巧的是，这次演出没有引起任何轰动，然而美国的《剧艺报》在谈到卓别林的却说："那个剧团里至少有一个很能逗笑的英国人，他总有一天会让美国人倾倒的。"

多年后，卓别林终于成为享誉世界的艺术家。

其实，我们每个人都有自己的长处，只是有些被埋没了罢了。倘若有人聪明地发现了它，并对之抱以欣赏的态度，也许我们的人生就会是另外一个样子。戴尔·卡内基正是在继母欣赏的目光下发挥了自己的聪明才智，并一步步地走向人生的成功的。羊肉馆的老板当年是一个高超的小偷，竟然在大作家的欣赏之下改邪归正，开始了新的人生。卓别林正是在那一句带有欣赏口吻的预言下，慢慢地走向观众的，终于有一天他真的让所有的美国人所倾倒。试想一下，这些人如果没有得到别人及时地欣赏与肯定，那么生命之花就可能会枯萎，天才也将会被埋没于平凡的生活之中。

人生的大道并不是平坦的，没有人可能一帆风顺。有时候，他人的欣赏就是一剂苦口的良药。欣赏别人，不仅能给人以抚慰、温馨，还能给人以鞭策，使人的潜能被充分地激发出来，去争取更大的成功。当你欣赏别人时，别人也会欣赏你，久而久之别人的优点也会成为你的优点，别人的美丽也会成为你的美丽，你也就会成为一道亮丽的风景。

我们每个人都渴望得到别人的欣赏，同样，每个人也应该学会欣赏别人。其实，欣赏与被欣赏是互动的，欣赏者必须具备愉悦之心，仁爱之怀，成人之美的善意；被欣赏者也必会产生自尊之心，奋进之力，向上之志。

聪明的人在欣赏别人的时候，也在悄悄地抬高自己，而愚蠢的人只会看到别人的不足，看不到别人的优点与长处。有的人更是以自我为中心，盲目自大，看不到别人的成绩，听不得别人的成功。这种自私的心理对人际交往是非常有害的，而且还会影响到自己的进步和能力的提高。

在这个世界上，我们无法找到十全十美的事物，任何事物都有着其自身的缺陷与不足。每个人都有其闪光的一面，也有其暗淡的一面，只是程度不同而已。因此，我们必须以博大的胸怀去接纳别人，努力地改善自己。由此可见，聪明的人在欣赏别人的同时，也尝试着把自己投入到铸就辉煌的熔炉之中，把自卑炼成自信，把委屈升华成振奋，把失意挤压成动力，把不满锻造成奋争把孤傲挥洒成谦逊，把挫折锤打成练达……

站出来，欣赏一下别人吧，学会欣赏，我们才会懂得享受；学会欣赏，我们才会获得快乐；学会欣赏，我们才能走向幸福；学会欣赏，我们在别人眼中才是一个真正大写的"人"！

# 适时弯下腰来

"堂堂男儿，岂能为五斗米折腰"，这是很多人经常挂在嘴边的一句话，以此表示自己绝不会因外力而放弃自己的原则。不放弃原则似乎无可厚非。然而，生活就是生活，有时候我们还是要适时地弯下腰来，这样才不至于被碰得头破血流。

孔子在去楚国的路上，见到一副破烂的鞍鞯，就吩咐跟随他的学生子路说："把那个鞍鞯捡起来。"但子路见那只一副又破又烂的鞍鞯，便佯装没有听见孔子的吩咐，昂着头继续朝前走。

孔子没有说什么。他跳下车，把那副鞍鞯捡起来，然后放到自己的车上。

走了不远，他们来到一户人家门前，孔子亲自敲开那户人家的柴扉，对主人说："我们走得又渴又累。但庆幸的是，我在路上捡到了一副鞍鞯。如果略加修复，一定还能使用。我想用我的这副鞍鞯换取你院中的几个桃子，您看行吗？"说着把那副鞍鞯递给了主人。

主人接过鞍鞯细细看了看，高兴地说："我就用15个桃子换取你这副鞍鞯吧。"很快，主人就从院中的树上摘下15个又鲜又红的桃子。孔子把桃子放在地上，招呼子路说："渴了吧？来吃桃。"

子路弯下腰拿起一个，便狼吞虎咽地吃起来。一个桃子很快吃完了，子路又慌忙弯腰拿起了另一个。

桃子吃完了。孔子笑着问子路说："你吃了几个桃子？"子路说："我吃了10个。"孔子说："你吃了10个桃子，弯了10次腰，如果刚才在路上你弯一次腰捡起那副破鞍鞯，那么，你也就可以像我这样心安理得地坐着吃桃子了。一次不弯腰，现在却弯下了10次腰。你不觉得你自己有些得

不偿失吗?"

子路羞愧得满脸涨红分辩说:"我以为那不过是一副破烂的鞍鞯,根本没想到它竟能换来这么多又红又甜的桃子。"孔子笑了说:"小事不屑干,将来就会在更多更小的事情上劳心费神啊。该弯腰的时候不弯腰,有朝一日,你要为这一次不弯腰偿还上 10 倍的弯腰,早知如此,何妨该弯时就弯一下自己的腰呢?"

孔子说的非常有道理:应该弯腰的时候如果不弯腰,那么以后有你弯腰的时候,而且要弯无数次。所以,人一定要懂得在应该弯腰的时候弯一下自己的腰,这样一切问题都会迎刃而解,免得到以后再后悔,再付出更大的代价,算起来是多么不值得。

有一对正准备办理离婚手续夫妇,原因是他们都觉得不再爱着对方,但两人决定在办理手续之前,一起去旅游一次,也是让彼此都有一个美好的回忆。他们准备去附近的一个深山里,准备好了行囊,就出发了。到了深山里,不久山中就下起了大雪,雪越下越大,他们一起搭好了帐篷。女人就坐在帐篷里,望着远处的山,看了很久以后,她发现东面山上只有雪松,而西面山上有柏、桦、松等树木,她就想同样的山,为什么不种同样的树木呢?后来,她明白了,原来以前在东、西两面山上种着同样的树木,这个深山里冬天雪大,而且风向总是向东吹,所以把好多的雪都吹到了东面的山上,大雪都会飘落到树枝上,雪会越积越多,那些柏树、桦树都会因为支撑不了这么多的雪而会被折断,而松树在雪积到一定程度时,树枝就开始慢慢下弯,弯到一定程度,树枝上的雪都会滑落到地面,而这时被积雪压弯的雪松,又会回到原来的位置上,反反复复,就这样,只有雪松在东面山上成活下来。女人把自己的想法告诉了丈夫,两人相对而笑,深情相拥在一起……

在这个故事中,雪松的弯腰深深地触动了即将离婚的夫妇,他们从雪松的身上悟到了婚姻的真谛:人有时候得弯下腰来,不是因为懦弱,不是因为示弱,而是要学会一种弹性的生活方式。当人的内心积压了很多东西以后,一定要为自己找一个宣泄的途径,这样才能更好、更强地挺起腰杆,然后再迎接新的困难。然而,人与人之间产生矛盾的时候,却很难先向对方弯下腰来,认为那是软弱的表现,其实,在这个时候当你先向对方弯下腰时,你才能更快更好地站在那里,而且比别人站的更直!夫妇俩意识到了这一点，他们向彼此弯下了腰，就这样一个即将破裂的婚姻终于被挽救了回来。

曾看到过这么一个故事：夜深了，一位巴格达商人走在黑漆漆的山路上，有个神秘的声音传来："弯下腰，请多捡些小石子，明天会有用的！"商人弯腰捡起几颗石子。第二天，当商人从袋中掏出"石子"看时，才发现那所谓的"石子"原来是一块块亮晶晶的宝石！商人后悔死了：天！昨晚为什么不多捡些呢？

这个故事给了我们很深的感触，商人正是因为觉得弯腰太累，所以只是象征性的拣了几颗石子，可是他万万没想到这石子竟然是价值连城的宝石，这不由得他不后悔，可是为时已晚矣！在生活中，我们很多人不正像那位商人吗？对有些事情、有些东西，因为弯腰太累而视而不见，当真正错过的时候，才觉得珍贵。

美国"福特公司"的创始人福特，曾经去一家公司应聘。让他感到惭愧的是，和自己同去应聘的人都比他的学历高。在前面的人面试过后，他有些犹豫，但又想，既然来了，就不妨一试。于是，他壮着胆敲门走进了董事长的办公室。进了门，他发现地上有一张纸，于是，就弯腰捡了起来，并随手把它丢到了废纸篓里。

他对董事长作了自我介绍："我是来应聘的福特。"董事长没让他说下去，却当场宣布他被录用了。福特就这样成了该公司职员，不久，并做出了一番事业，名扬天下。后来，福特把这家公司改名为"福特公司"。

适时地弯腰为福特赢得了成功的机遇，他当场就被董事长录用了。其实，在他那一弯腰的瞬间就表现了自己良好的品质，试想一个如此细心的人怎么可能是一个对工作不负责任的人，试想一个拥有良好习惯的人怎么会不成功了。福特的事业，正是从他弯腰的那一刻开始的，从此他一步步走向了事业的顶峰。这便是当初及时地弯腰给他带来的命运转机。

弯腰，只是一个非常简单的动作，却有着不同寻常的意义。有作为的人，弯下腰来，绝不是低三下四、卑微下贱；碌碌无为的人，虽不肯弯腰，也不等于挺拔伟岸、高贵位尊。弯腰，只是人生的细节，却是成就理想的基石。

 # 为他人留点面子，自己更有面子

　　每个人都有自己的尊严，每个人都渴望被人重视，被人尊重。在人与人的交往中，当你懂得维护别人的面子时，你就会成为一个处处受到欢迎的人。其实，正因为你给了别人面子，所以别人也以同样的礼物来回报你！

　　在一个年迈富人家做钟点工的丽萨讲过这样一个故事：

　　我和其他钟点工有所不同，每天除了打扫卫生，花半个钟头"陪读"也是我的工作内容之一。一次我把花瓶与笔筒的位置弄反了，主人大发雷霆，骂我是笨蛋……我忍着近十分钟的恶骂，之所以忍着，是因为我同情他，他除了骂人的舌头外，已经别无利器了。等到他要我读一段故事给他听时，我想起了一个台湾朋友讲的一则来自南洋的见闻———所罗门岛上的一些土著，如果树木长得过大，连斧头都砍不了时，他们就会对着树木集体叫喊，直到树木倒下为止……喊叫扼杀了树的精灵，刀棍、石头会打断我们的骨头，尖酸、刻薄、粗鲁的言语，会刺伤我们的心。

　　老人听完我讲的故事，沉默了良久。当我把咖啡送到他面前，准备为他加糖的时候，他第一次慈祥地抬起头来，说："不，你已经为我加了糖了。"

　　丽萨并没有直接批评富人，而采用了委婉的方式让富人意识到自己的过错，这样做既可以不伤及富人的面子，又能达到自己的目的。试想一下，如果丽萨非常直爽地告诉富人自己的过错，那会是什么样的结果呢？富人也许并不会意识到自己的错误，而丽萨轻则被批评一顿，重则就有被辞退的危险。

　　人人都有自己的面子，人人都要面子。倘若你敬我一尺，我就会敬你

一丈。倘若你丢了我的面子，自然我也不会让你好过。

有两个年轻人住单位的集体公寓，也许他们都在恋爱阶段，所以经常很晚才回宿舍。其中一个后半夜回来了，总是一边敲门一边呵斥值班老人。老人够忍的了，三更半夜的爬起来为他服务。一次，老人刚准备开门，门外的年轻人嫌老人动作慢，大声骂道："我当你睡死了，叫了半天不见动静。"老人家听见了，收起钥匙转身回屋睡觉去了。年轻人叫嚷了半天，老人就是不搭理，只好在外面转到天亮。另一个年轻人就有礼貌多了，每每经过门口，一定向老人打个招呼问声好；晚上回来，无论早晚，总是轻轻的叩门，"大爷大爷"甜甜叫。值班老人预知他回来时，便笑吟吟地把门打开。因为工作关系，这个年轻人有段时间每天都要很晚才回来，他首先想到是老人家的睡眠，就和他商量，"我天天打搅您，实在不好意思。如果能给我配把钥匙用些时间，晚上就不会打搅您老的好梦了，不知您是否同意？"值班老人一听乐了，谢谢两字说不停，很快就给这个年轻人配好了新钥匙。

这个故事中，两个年轻人都是很晚才回来，可是他们的做法却不同，得来的结果也大不相同。当你不尊敬值班老人时，值班老人也是人，也有感情也要面子，他自然可以想着法子让你好受，所以这个轻狂的年轻人付出了应该付出的代价，当老人收起钥匙回屋睡觉去时，他只好在外面转屋天亮了。而另一个年轻就懂得人情世故，他给足了老人的面子，而且能够体谅老人的难处，自然就赢得了老人的欢心。

记得曾有人向我讲过这样一个故事：

我们参加工作那一年，作为人才的储备，公司一次性地招收了很多大学生，总经理专门抽出时间和我们座谈，并拿着人员名单，说要与大家认识认识，点到谁的名字谁站起来做自我介绍。

开始的时候进行得很顺利，但点到一个仝晓晔的名字时，总经理停了下来，皱了皱眉头，然后念出了"工晓华"，但没有人站起来。我立马明白了——总经理不认识"仝"和"晔"这两个字，分别念成了"工"和"华"，而这位名叫仝晓晔的就和我住一个房间，我赶紧拍了拍他，让他站起来。不料，他站起来时说："某总，我叫仝晓晔，不叫工晓华。"这让总经理感到很尴尬，气氛一下子就紧张起来了。

我看到这种情形，立即站了起来，大声说："某总，对不起，这是我的错。现在我在总经办实习，这份名单是我打的，因为打印机没有油墨了，所以字迹不清晰，有些字打得不清楚。"某总很大度地说："咱们是一个大企业，以后不能再出现类似的问题了，如果上报材料出现这种事情就麻烦了，记着散了会就把新墨盒换上。"接着就往下进行了。其实，事前我压根就没有见过这份名单，只是灵机一动，替人解围。当时只是觉得总经理在那种情况下太尴尬了，自己出于同情想照顾一下领导的面子才那么做的。但接下来的事情就有点出乎我的意料了——我是我们那批员工中第一个转正的，工资比别人高一级，两年后就成了总经办副主任。更没想到的是，就在我被任命为总经办副主任没几天，那位叫仝晓晔的同事来找我签字办理辞职手续，理由是感到压抑。没想到一件很小的事情竟然造成了我们两个人完全不同的境遇。

故事中的主人公很理解他人的心理，他知道总经理也是要面子的，所以就及时地给他了一个台阶下。后来，总经理出于感激自然也给足了这个临时帮自己解围的"我"的面子，让他一下子就平步青云。而那个名叫仝晓晔的同事则由于不懂得维护他人的面子，也得到了自己应该得到的回报，最后他不得不辞职离开这家公司。一个让别人失了面子，一个却及时地挽回了他人的面子，结果自然也完全不同。而且就是由于这么一件很小的事情，却导致了两个人完全不同的命运，其实一切都是"面子"的作用。

人人都爱面子，因为这关系到自己的尊严和地位。面对弱势群体或者失败者，我们往往由于自己的优越，或有意或无意地剥掉了别人的面子，抹杀了别人的感情，伤害了别人的尊严，却还洋洋得意，自以为是。殊不知，今天你在这件事情上丢了别人的面子，来日别人一定在另外一件事情上为难你。这就是你没有给别人留面子，别人自然不会给你面子了。所以，**为了让自己更有面子一点，就一定要记得适时地给他人留一点面子！**

# 不要拿别人的错误来折磨自己

　　生活不可能如水般平静，人生也不可能事事如意，人的感情出现一些波动是非常自然的事情。然而，有些人遇到一点小事就火冒三丈、怒不可遏，结果是非但没有解决问题，反而伤了感情、弄僵了关系，使原本已经不如意的事更加雪上加霜。与此同时，生气还会严重影响到身心健康，正如有人所说：生气就是拿别人的错误折磨自己。

　　很久以前，有个妇人，特别喜欢为一些琐碎的小事生气。她也知道自己这样不好，便去求一位高僧为自己谈禅说道，开阔心胸。

　　可是，高僧竟然把她领到一座禅房中，落锁而去。

　　妇人气得跳脚大骂。骂了许久，高僧也不理会。妇人又开始哀求，高僧仍置若罔闻。妇人终于沉默了。高僧来到门外，问她："你还生气吗？"

　　妇人说："我只为我自己生气，我怎么会到这地方来受这份罪。"

　　"连自己都不原谅的人怎么能心如止水？"高僧拂袖而去。

　　过了一会儿，高僧又问她："还生气吗？"

　　"不生气了。"妇人说。

　　"为什么？"

　　"气也没有办法呀。"

　　"你的气并未消逝，还压在心里，爆发后将会更加剧烈。"高僧又离开了。

　　高僧第三次来到门前，妇人告诉他："我不生气了，因为不值得气。"

　　"还知道值不值得，可见心中还有衡量，还是有气根。"高僧笑道。

　　当高僧的身影迎着夕阳立在门外时，妇人问高僧："大师，什么是气？"

高僧将手中的茶水倾洒于地。妇人视之不久，顿悟，叩谢而去。

妇人终于在高僧那里悟到人生的真理。何苦要生气呢？气是由别人吐出来的，但接到你口里受到伤害的也是你。气轻则让我们感到不太舒服，重则会影响到我们的健康，有时候甚至会威胁到我们的性命。

当你省吃俭用买来的电脑不到一个月就坏了，而你去找人维修时别人却爱理不理；没有你优秀的人因为能说会道、会拉关系，而受到重用；当你的同事犯了错误，老板却出于偏爱而将过错怪在你头上……看看这些，哪一个不让人生气呢？其实，凡事还是想开点好，我们气得过来吗？有这个必要吗？

看看外面美好的风光，看看心爱的人儿正在飞快地为你准备着可口的饭菜，这个时候，你应该感谢命运才对，人生的幸福与快乐都享受不尽，哪里还有时间去计较这些小事，生这些闲气呢？

虽然不能说造成自己生气的所有原因都是别人的错，但大多数情况的确如此。拿别人的错误来折磨自己，搞得自己心情郁闷，苦恼不堪，仔细想想这样做值得吗？用别人的过错来折磨自己，实在不是什么明智的做法。

在现实生活中，我们正是因为计较的太多，牵挂的太多，所以我们才会情绪起伏不定，变得不开心、不快乐。生气的时候，我们不妨这样想一想"我不是为了生气才交朋友的，我不是为了生气才来这里的。"很快，我们烦躁不安的情绪就会有所改善。生气使人吃不下饭、睡不过觉，气促心跳，血压升高，甚至可能诱使疾病突发。所以，生气就是自己折磨自己，尤其是那些"气人为乐"的人，你越生气他才越高兴哩！更何况生气时拍桌子、摔杯子、声嘶力竭，青筋暴涨，不但自己不痛快样子也不好看，还伤了身体，损坏了美好的形象，多么划不来啊！

人在生气时往往缺乏理性思维，容易失去判断、冲动行事。所以，遇到什么事，先告诫自己不要马上生气，不要因为冲动的情绪而坏了后面的事情，那就更是得不偿失。

每个人都可能会遇到别人误解的时候，都可能会受到别人不公正的批评甚至谩骂，但是，请冷静下来，千万别生气。如果你像对方一样失去理智的话，那么事情将会更加不可收拾。

还记得古希腊神话里那则仇恨袋的故事吗？赫格利斯是一个威风凛凛

的大力士，从来都是所向披靡、无人能敌的。因此，他是何等的踌躇满志、春风得意，唯一的缺憾就是找不到对手。有一天，他行走在一条狭窄的山路上。突然，一个趔趄将他险些绊倒，定眼一瞧，原来脚下躺着一只袋囊，他猛踢一脚，那只袋囊非但纹丝不动，反而气鼓鼓地膨胀起来。赫格利斯恼怒了，挥起拳头又朝它狠狠地一击，但它依然如故，仍迅速地膨大着。赫格利斯乐跳如雷，拾取一根木棒朝它砸个不停，但它却越胀越大，最后将整个山道堵得严严实实。气急败坏却又无可奈何的赫格利斯累得躺在地上，气喘吁吁。一位智者走来，见此情景，困惑不解。赫格利斯懊恼地说："这个东西真可恶，存心跟我过不去，把我的路都给堵死了。"智者淡淡一笑，平静地说："朋友，它叫'仇恨袋'。如果你不理会它，或者干脆绕开它，它就不会跟你过不去。也不至于把你的路给堵死了。"

这是一个由矛盾组成的社会，人与人之间产生摩擦、误解甚至纠纷、恩怨都是非常正常的事情。然而，当身处这样的境地时，你的心中还装着"仇恨袋"不放的话，生活将会变得一天天繁重起来，到了一定程度时就可能举步维艰了，最后，只会白白赔上自己的美好前程。所以说，人一定要懂得适时地放下，放下心中的不快与气愤，千万别拿他人的过错折磨自己，也许这个时候你就会体会到人生是多么的美好，完全没有必要自寻烦恼地与别人生气！

豁达的人才会有好人生

豁达是一种宽容，也是一种超脱。一个人真正能够做到恢宏大度、胸无芥蒂、肚大能容、纳吐百川，内心便有了一束不灭的阳光，永远晴空万里。

内心豁达的人都是比较宽容的，他们能够尊重别人不同的看法、思想、言论、行为、宗教信仰。当然，他们也会有和别人意见不同的时候，但他们懂得尊重别人的选择，给予别人自由思考和行为的权利。有时候，往往是豁达产生宽容，而宽容导致了自由。

据说，曹操的死对头袁绍曾经发表了一篇讨伐曹操的檄文。在檄文中，曹操的祖宗三代都被骂得拘血喷头。曹操看了檄文之后问手下人："檄文是谁写的？"手下人战战兢兢地回答道"听说檄文出自陈琳之手。"曹操连声称赞道："陈琳这小子文章写得真不错，骂得痛快。"官渡之战后陈琳被曹操俘获。陈琳心想：当初我把曹操的祖宗都骂了，这回非死不可了。但是，出人意料的是，曹操不但没有杀陈琳，而且还让陈琳做自己的文书。曹操与陈琳开玩笑说："你的文笔的确不错，但是，你在檄文中骂我本人就够了，为什么还要骂我的父亲和祖父呢？"后来深受感动的陈琳为曹操出了不少好计策，使曹操颇为受益。

曹操算得上是一个豁达的人，他并没有因为陈琳的辱骂而耿耿于怀，他更没有借机报这一箭之仇，他宽容大度地选择了放下，并且以欣赏的态度来对待陈琳，这不得不使陈琳深受感动，从而暗下决心要报答曹操的知遇之恩。

有一年，华盛顿率部驻防在亚历山大市，当时正值弗吉尼亚州会议选举议员，有一个名叫威廉·佩恩的人反对华盛顿成为候选人。

有一次，华盛顿就选举问题和佩恩展开了一场激烈的争论，其间华盛顿失口说了几句侮辱性的话。身材矮小、脾气暴躁的佩恩怒不可遏，挥起手中的山核桃木手杖将华盛顿打倒在地。

华盛顿的部下知道后，要为他们的长官报仇雪恨。然而，华盛顿却阻止并说服了大家。第二天，华盛顿托人带给佩恩一张便条，约他到当地一家酒店会面。佩恩自然而然地以为华盛顿会要求他进行道歉，以及提出决斗的挑战。

但是，到了酒店后佩恩看到的不是手枪，而是酒杯。华盛顿站起身来，笑容可掬，并伸出手来迎接他。"佩恩先生"华盛顿说，"人都有犯错误的时候。昨天确实是我的过错。你已采取行动挽回了面子。如果你觉得已经足够，那么就请握住我的手，让我们做个朋友吧！"

这件事就这样皆大欢喜地了结了。从此以后，佩恩则成了华盛顿一个热心的崇拜者和坚定的支持者。

华盛顿用自己的豁达与大度征服了对手，一场悲剧就这样被避免了。也正是这种宽容的胸怀成就他，为他以后的人生打下了良好的基础。

春秋时期齐国国君齐襄公被杀，襄公有两个兄弟，一个叫公子纠，一个叫公子小白，两个人身边都有个师傅，公子纠的师傅叫管仲，公子小白的师傅叫鲍叔牙。两个公子听到齐襄公被杀的消息，都急着要回齐国争夺君位。

在公子小白回齐国的路上，管仲早就派好人马拦截他。管仲拈弓搭箭对准小白射去。只听小白大叫一声，倒在车里。

管仲以为小白死了，就不慌不忙护送公子纠回到齐国去。怎知公子小白是诈死，等到公子纠和管仲进入齐国国境，小白和鲍叔牙早已抄小道抢先跑到了国都临淄，小白当上了齐国国君即齐桓公。

齐桓公即位以后，即发令要杀公子纠，并把管仲送回齐国问罪。管仲被关在囚车里送到齐国。鲍叔牙立即向齐桓公推荐管仲。

齐桓公气愤地说："管仲拿箭射我要我的命，我还能用他吗？"鲍叔牙说："那回他是公子纠的师傅，他用箭射您，正是他对公子纠的忠心。论本领，他比我强得多。主公如果要干一番大事业，管仲可是个用得着的人。"

齐桓公听了鲍叔牙的话，不但不办管仲的罪，还立刻任命他为相让他管理国政。管仲帮着齐桓公整顿内政，开发富源，大开铁矿，多制农具，后来齐国就越来越富强了。

豁达也是一种乐观，乐观是无价的，一个乐观的失败者终将有东山再起的时候，并且他的乐观还能推动他人奋勇向前，而一个忧心忡忡的成功者，显然是不值得效仿的。

一个心胸豁达的人，他的思维习惯中有一种自嘲的倾向。这种倾向，有时会显于外表，表现会以幽默的方式摆脱困境。

每个人都会有许多无法避免的缺陷，不够豁达的人，往往拒绝承认这一点。他们总是想方设法地抵御着任何可能会令自己缺陷暴露出来的外来冲击。久而久之，自己的心里就变得脆弱无比了。

一个拥有自嘲能力的人，却可以免于此患。他能够大大方方地察觉自己的弱点，而没有必要费尽心去掩饰。要摆脱尴尬，走出困境，正面的回避需要极大的努力，但自嘲却为豁达者提供了一条逃遁出去的轻而易举的途径。那些包围我的，本来就不是我的敌人。于是，尴尬或困境，就在概念上被取消了。豁达也有程度的区别，有些人对容忍范围之内的事，会很豁达，但一旦超出某种极限，他就会突然改变，表现出完全相异的两种反应方式。

要做一个豁达的人就必须拥有美好的心灵，就必须放下各种心理包袱，使真诚、热情、谦虚、勇敢、坚定成为自己立身处世的法宝。当你真正拥有一个宽广的胸怀时，你便拥有了一个美好的人生。

让自己拥有"遗忘"的本领

在这个世界上，有很多人是为记忆而活着的。记忆就像一本独特的书，内容越翻越多，而且会越来越清晰，越读就会越沉迷。但是，也有很多人是为健忘而活着的，过去的一切对他们来说就像过眼云烟，不计较过去，不眷恋历史，只活在现在。

人生并不是像我们所想象的那样充满诗情画意，那么快乐自在。人生中总是有许多痛苦与忧伤，如果将这些东西都存储在我们的记忆之中，那么人生会越来越沉重，越来越悲伤。当你回忆往事的时候就会发现，在人的一生中，美好快乐的体验往往只是一瞬间而已，占据很小的一部分，而大部分的时间则伴随着失望、忧郁和不满足。这个时候，聪明地学会遗忘是一件非常幸福的事情。

有些人对别人对他的好处视而不见，对他的不利却耿耿于怀。殊不知，记住别人对我们的恩惠，洗去我们对别人的怨恨，在人生的旅程中才能自由翱翔。

有一次，阿里和吉伯、马沙两位朋友一起旅行。三人走至一个山谷时，马沙失足滑落，幸而吉伯拼命拉他，才将他救起。马沙就在附近的大石头上刻下了："某年某月某日，吉伯救了马沙一命。"三人继续走了几天，来到一处沙滩，吉伯与马沙为了一件小事吵了起来，吉伯一气之下打了马沙一耳光，马沙就在沙滩上写下："某年某月某日，吉伯打了马沙耳光。"当他们旅游回来之后，阿里好奇地问马沙：为什么要把吉伯救他的事刻在石头上，将吉伯打他的事写在沙滩上？马沙说："永远都感激吉伯救我，至于他打我的事，随着沙滩上字迹的消失，我会忘得一干二净。"

乐于忘却是一种人生的高境界。当你老是念念不忘别人的坏处，真正受到伤害的当然是自己了。乐于忘怀，既往不咎，才能丢掉身上沉重的包袱，大踏步地走向成功之门。

曾经有这样一个故事：有一位黄女士到法院起诉，她说与她分居的丈夫造各种证件，说孩子他妈跑了，自己还瘫痪在床，以此骗取媒体的同情，这事刊登了出去。在这篇报道中，那个男人的姘妇还成了帮人照顾孩子的大好人。

黄女士与媒体打起了官司。官司虽然打赢了，可是精神损失费却没要回来。黄女士不断去当年为她丈夫开假证明的有关部门讨说法。一次讨说法时，有关部门里跳出一莽汉把与她同去的朋友打伤了，黄女士便又开始为这个打伤的朋友讨说法。年纪轻轻的黄女士被这些事折磨得头发全白了，精神不济了。两件事的赔偿金额也不过就万儿八千块钱。她说她不在乎钱，只是想讨个说法，不然心里不痛快。

这个黄女士为了讨个说法付出了身心俱疲的代价，其实根本就是非常不值得的。倒不如来个大人不计小人过，让自己忘记发生的一切，忘掉那个无能的丈夫，一门心思地过自己的小日子。生活有时候总是喜欢和你开玩笑，你越追求什么，什么就离你越来越远。也许，当你放下的时候，你追求的东西又会自动地找上你！

人生本来就是这样，适时地忘怀一下有什么不好呢？它能够使我们忘掉幽怨，忘掉伤心减轻我们的心理重负，净化我们的思想意识；可以把我们从记忆的苦海脱出来，忘记我们的过错和悔恨，忘记我们的罪孽和悔恨，清清爽爽地做人和享受生活。

那么，我们到底应该忘记什么呢？

一、忘记仇恨。如果你的心中充满仇恨时，夜里做梦也会想着如何报仇的，那么你的一生注定不会安宁。

二、忘记忧愁。多愁善感的人往往会长时间地处于一种悲伤的心情之中而难以解脱。结果，久而久之自己也会因此而患上各种各样的疾病。那个多才多艺的林妹妹不就是如此吗？倘若她能够学得遗忘的本领，倘若她不那么斤斤计较的话，也许她的人生将会是另外一番光景的。

三、忘记悲伤。人生最大的悲痛莫过于生离死别。黑发人送白发人，固然让人伤心；白发人送黑发人，更是叫人肝肠欲断。如果一个人长时间地沉浸在悲伤之中，这并不能解决任何问题，只会给自己、给他人徒添烦恼而已。逝者已逝，存者还要继续生活，最理智的做法就是学会忘记，尽快地走出悲伤，为了他人，更为了自己。

"遗忘"能使人达到一种心理平衡。若能"遗忘"对方非原则性的小毛病，既是对对方的一种宽容，也是一种自我解脱。

如何做到"遗忘"呢？

（1）有意识地让自己去忘却，不让"问题记忆"重复。用理智和毅力去克制自己的行为。

（2）想办法转移自己的注意力。当怒气快要冲上心头时，不妨换个角度，想一想对方的好处，或者为对方找一个善意的借口。

（3）保持沉默。如果你在与人争吵时，一些不愉快的往事一下子涌上心头，自己一时无法忘却，也记住：一定要保持沉默。因为一时冲动很容易伤害感情，以沉默来面对对方的过错，这不失为一种解决问题的好方法。

世界在不停地运转着，人与人之间产生这样那样的矛盾是难以避免的事情，然而处理矛盾最好的办法就是学会忘记对方曾经带给自己的伤害，宽容他人也等于宽容了自己，这样自然会拥有一个良好的人际关系，这样自然会快乐地过好生命中的每一天。

11

做最幸福的自己，
而不是最优秀的自己

　　很多人搞不懂优秀与幸福的关系，他们总是认为只要优秀就可以幸福。这种想法也无可厚非，毕竟水往低处流，人往高处走，追求上进自然是好事情。可是，如果太过沉迷于优秀的幻梦里，那么必将会付出牺牲幸福的代价。也许，在你并不成功的时候，就已经拥有了幸福，可是自己却并不懂得珍惜。而等到你真正地做到非常出色的时候，幸福却悄悄地离你远去了。优秀是把双刃剑，有时候它会伤到你自己的。

 # 给自己画一张幸福蓝图

　　什么是幸福呢？每个人都有自己不同的看法。虽然幸福无定语，但是有一点却是值得肯定的，那便是我们每个人都是自己幸福的设计师。每个人要想获得真正的幸福，从根本上来说不是取决于别人，而是取决于自己。

　　那么，到底应该如何来为我们的人生画一张幸福蓝图呢？这里既有理性上的东西即思想认识，又有灵感和悟性上的东西即对事物的感受与体验。比如，就以人们历来向往和谈论最多地几个方面金钱、权力、美色、名利的话题而言，无论从思想认识还是到感受与体验，差距都是非常之大的，有不少甚至是截然相反的。

NO.1 关于金钱

　　有些人认为，拥有的金钱越多便越幸福。所以，他们为了自己的幸福目标拼命地工作。其实，人占有多少金钱和财富才是个合格的标准呢？从来没有正确的答案。清朝贪臣和绅一生掠取了比当时国库还要多的财富，而最后落得个杀身之祸。革命先烈方志敏，官当的很大，掌管着钱财，而自己的身上却只有几个铜板，他认为个人占有金钱越少才越幸福。不管你生前是拥有还是亏欠，不管你是高官还是平民，不管你是高学历者还是个文盲，当你离开人世时，自己并不能带走一分一毫，所有的财产统统都留给了别人。所以，对个人来说，财富不在于占有的多与少，而在于用什么样的手段获取它，又是怎样利用它的价值的。

NO.2 关于权力

　　明智的人都懂得，官做得越大，权力越多，责任越重，压力越大，烦心的事也就越多，而所犯错误的几率越频繁，身败名裂的风险也就越大。

自古人们讲"无官一身轻。"此言极是。再者，一个人官当的大与小，也是没有严格的标准的。而且，并不是所有有能力的人都能当上官。还有，职高未必人品高，当官的人下场也未必比普通百姓就好。权大未必福大。无权是福。所以，古今中外无数个做官的人无不发出这样的感叹——做官必须先做人，做不好人也就做不好官，做好官先要解决做好人的问题。

NO. 3 关于美色

人人都向往美丽和漂亮，男人喜欢漂亮的女人，女人喜欢俊俏的男人。可是仔细一想，什么样的长相才算最漂亮和美丽呢？这只能是个相对而言的问题。古今中外，从来都没有统一的标准。就是在同一个时代，对同一个人来讲，他在人们眼中的美丽和漂亮标准也是不固定的，今年是花季，身体无病，心情好时，人们认为他最美丽和漂亮，而过了一年半载，也许他生了病，或者他情绪不佳时，人们眼中的他就变了另外一个样子。所以，难怪现代人选美是年年进行，今年能选上美的，明年就有可能落选。还有，在一个年代，人们的审美观也不一样，有人喜欢苗条，有人注重丰满，有人看重气质，有人追求长相。甚至，他朝思暮想追到了手的美人，过不了三年五载，随着年龄的变迁，他又嫌弃人家了，可能又要另寻新欢。正所谓"花无百日红，人无百日好"。这个世界没有终生美丽和漂亮的女人，也没有终生英俊潇洒的男人。假如人生找伴侣，单纯为美色而活着，他是永远得不到幸福的。美人的美色时间是有限的，愚人的爱美欲望是无限的。

NO. 4 关于名利

谈论这个话题，先说两件事：其一，人降生时是紧握双拳而来。为什么要紧握双拳？有人针对这一现象说，人来到世上就是要为自己捞取东西的，为名利而来。其二，人在离开这个世上时绝大多数是撒开双手而去，对世上的东西啥也不想捞了，什么名利、怨恨、挫折、失败、嫉妒之心统统忘却，终将消失。也就是说人的私欲和名利之心，直到死才肯放松。由此看来，人的年龄越小名利思想越重，人的年龄越老名利思想越淡。所以，我们讲淡泊名利，说起来容易，做起来难。正因为难，在这一点上越是年长者讲出来的道理越是耐人寻味，令人警醒。例如当代大学者、95岁老人季羡林最近在谈到人生的意义与价值时，竟抛给了人们这样几句话："对世界上绝大多数人来说，人生一无意义，二无价值。"

　　人生大抵就这几个方面，当你真正地掌握了它时，便成功地为自己设计了一个美好的未来。当然，这里一定要注意一个"度"的问题，过多或者过少都会导致偏离主题的结果。要想得到真正的幸福，就得用点心思仔细地揣摩一下金钱、权力、美色、名利在我们生命中的正确位置，然后再摆正自己的心态去追求属于自己的快乐。

如果优秀伤害了你的幸福，
你的人生也就没有了意义

　　每个人都渴望成功，每个人都渴望成为优秀的人，或者希望自己的另一半是个非常出色的人。于是，很多人就想方设法地将自己打造的更加优秀，或者竭尽所能地去寻找优秀的另一半。因为他们自以为是地把幸福与优秀画上了等号，他们固执地认为拥有了优秀，便会拥有幸福。殊不知，有时候幸福比优秀更为重要。幸福的人不一定要非常优秀，而优秀的人也不一定就会非常幸福。

　　然而，很多人就是搞不懂优秀与幸福的关系，他们总是认为只要优秀就可以幸福。这种想法也许无可厚非，毕竟水往低处流，人往高处走，追求上进自然是好事情。可是，如果太过沉迷于优秀的幻梦里，那么必将会付出幸福的代价。也许，在你并不成功的时候，已经拥有了幸福，可是自己却并不懂得珍惜。而等到你真正地做到非常出色的时候，幸福却悄悄地离你远去了。人生就是如此，优秀是把双刃剑，有时候它会伤到你自己的。

　　有这样一个故事：

　　有一个女孩身边有一位成熟稳重、经济条件不错的男人一直密切关注着她。她是一个敏感的女生，怎会不知道？然而，由于潜意识里的自卑感在作祟，她总不肯给他表白的机会。她在心里发誓：要做就做他身边最优秀的女人，将其他女人比下去，然后才坦然接受他的爱。

　　从此以后，她拒绝了他的一切邀请，深居简出，埋头苦读，终于考上了她一直向往的那所著名学府的研究生。在读研期间，她潜心做学问，又多方锻炼自己的心智，磨炼自己的毅力，如愿以偿地，她变得那般出类拔萃，导师觉得她不读博士真是浪费。于是，她又花了三年时间读完博士。院里挽留她，并允诺送她出国，而她却无心逗留，想让他看到自己经过这六年时间变得如此优秀的愿望是那么强烈。这一次，是她主动约的他，她想向他显示：她有了做他好太太的完美条件。然而，他与她坐在咖啡屋里还没说几句话，他的手机就响了，他接起来："啊？儿子又发烧了，好，你等着，我这就回去送他去医院。"然后，他略带歉意得对她说："我儿子生病了，我太太很紧张，现在他们很需要我在他们身边，我们以后有空再聊，好吗？"如晴天霹雳将她击中，她只剩下机械地点头，机械地回答："好！"除此之外，她还能说什么？做什么？

故事中的女孩由于内心的自卑不愿意接受男人的追求，她固执地以为只有自己足够的优秀时，才能够配得上他！然后，她就想尽一切办法要让自己变得更加优秀。然而，当有一天她真的觉得自己足以匹配那个优秀的男人时，才发现幸福早已不在自己的身边。其实，是门当户对的世俗爱情观使得她失去了原本属于自己的东西。优秀固然很重要，可是比起得到幸福来说，就显得微不足道了！

在优秀的追求者面前，我们没有必要自卑，因为爱情与幸福对任何人来说都是平等。当爱来了，就请勇敢地接受吧，别为世俗的眼光而毁掉了自己一生的幸福，有时候，我们真的没有必要刻意地去追求优秀，毕竟优秀只是一个外在的条件，就犹如一个美丽的装饰品，有了自然让人赏心悦目，没有，依然可以快快乐乐地活着。

请记住：**幸福永远都比优秀与成功更为重要**。如果有一天优秀伤害了你的幸福，那么你的人生也就不会有什么意义了！因为人之所以要努力地做到优秀无非是为了得到幸福，倘若它阻碍了你通往幸福的道路，那么最好还是暂时将它移开的好。

 # 什么样的生活才是优质的生活

何为"优质生活"？这是人类摆脱贫困满足温饱走向小康的一个新的生活要求，不在于财富的多寡、地位的高低，只在于活得是否快乐！失眠皇帝最羡慕酣睡的乞丐，活得快乐比活得富裕更重要！

中国台湾心理学家游韩桂终于下定决心改变工作状态，减少赶场演讲，留些时间给自己种花，看星星。他体悟到，工作中的快乐与不快乐，可能仅是5.1比4.9的微差而已，中间有个阶梯，你可能爬到中间的梯子拥有恰好的平衡，也可能只走了一阶。即使如此，你也在进步，平衡尺上的浮标一直在向前移动着。

游乾桂有个生命平衡法则，用来制衡工作与生活。他将生命分成健康、时间、自由与快乐四块等，并且视个人状况分配比重以及排序。如果每个元素都不缺，反映到工作上的态度与情绪，比较不会有太大的差距，因而获得适当的平衡。

到底应该如何平衡工作和生活之间的关系呢？随着社会经济的发展，生活节奏的加快，很多人都感受到了来自工作和生活的压力，相当大一部分人感到工作不快乐，身心疲惫。所以，"努力工作，尽情享受"的文化理念也越来越受到企业认同和倡导。

工作只是生活的一部分，工作是为了更好地生活。一些人拼命地工作，最后连死都死在了工作上，这是不应该提倡的。努力工作和良好的成绩并不是公司对员工期望的全部，而保持工作与个人生活之间的平衡，精神饱满地工作与积极地生活是人类共同向往的目标。

每天，你是不是感到无比的厌烦，甚至有了悲观失望的意念？你是不是任由疲倦、郁闷折磨自己呢？当你觉得疲倦、容易发脾气、动不动就对

上司或同事发怒的时候，这就是你要休息的信号。

此时，你就要去寻找一些工作之外的东西，享受8小时之外的快乐。

你可以通过参加一些丰富多彩的娱乐活动，来缓解心理压力，拥有更加健康、平衡的生活，促进个人成长和能力发展，从而提高自己的生活品质和工作绩效。这样做能够培养了你积极的人生态度和阳光的心态，把工作当做快乐的生活过程。

而且，你可以把自己的爱好和业余活动当做本职工作一样认真对待，拿出足够的时间用在它们上面。实际上，如果你只把工作成绩看作是成功的唯一标准，那么唯有事业上春风得意时你才会感到快乐，而一旦工作遇到麻烦，就会感到烦恼不堪。如果你把快乐也维系于你的职业努力之外，那么在工作受挫时，就很容易保持一种积极、轻松的心态。

过度的压力和劳累常常使人身心受损。你必须牢记，任何事情都不是一朝一夕就可以成功的，事业也是如此。一定要合理安排好自己的生活，确保工作和生活张弛有度。工作越是忙碌，越是应该学会见缝插针地"偷懒"，以便有足够的体能和极佳的精神状态从容应付摆在面前的大小事务。

不管你从事的是什么工作，一定要给自己挤出一些时间，去享受生活的美好。在这段时间里，你可以去郊游、登山，也可以去参加体育锻炼或者去参加社区活动。你还可以写作、阅读、散步、参加社区活动等可以拓展个人思维和才能的活动，它们能让人在生活中获得满足感。

总而言之，**你除了应该去努力工作外，还应该拥有个人的生活空间——花点时间让自己轻松一下。**如果你能在工作之外过着充实而快乐的生活，那么你便可以快乐地工作，幸福的生活，这就是优质的内涵。其实每一个人都可以做到，并不需要大量的财富、权势来作为支撑，但却需要一些知识来作出取舍！

许多时候坚持一下就能够触摸幸福

　　人生，绝没有平坦的大道，遇上挫折是在所难免的事情。很多人在面临困难时，摇着头叹着气退缩了，所以上苍注定了他们失败的命运。然而，有些人却成功了，这并不是因为他们拥有过人的才华，而更为重要的是他们在应该坚持的时候并没有轻言放弃。

　　查德威尔决定超越自己，打算从卡塔林那岛游到加利福尼亚。

　　在一个大雾弥漫的夜里，查德威尔从卡塔林那岛下水了。

　　连续游了16个小时之后，查德威尔开始觉得吃力了，身上像是系了铁索一样沉重，而且刺骨的海水还冻得她嘴唇发紫。

　　查德威尔抬起头来望了望，根本就看不见海岸线，"快点，把我拉上去吧！"

　　跟着开小艇陪伴的人赶紧鼓励查德威尔："再坚持一下，马上就要到了，也就一公里的样子……"

　　可是，查德威尔却死活也不相信："开什么玩笑呀，如果真的只有一公里，我怎么会看不见海岸线呢？"

　　在查德威尔的一再坚持之下，小艇上的人只好把她拉了上来。

　　片刻之后，小艇就靠岸了。

　　查德威尔愣住了。她哪里知道，这天的雾实在太大，只能看到近距离的东西，而一公里之外的加利福尼亚的海岸线，则正好被淹没在浓浓的大雾中了。

　　查德威尔后悔极了：我要是再坚持一下，那该多好啊！

　　是啊，要是再坚持一下，也许她真的就会实现自己的梦想，超越自己的极限了。可是，命运似乎在有意考验查德威尔，正是由于她的放弃给自己带来了无尽的懊悔，明明胜利就在前方，为什么自己没有再坚持一下呢！其实，在现实生活中，很多人就像查德威尔一样，他们在失败的时候，总是一味地抱怨自己当初为什么不那样做了，然而这又有什么用呢！

英国福音传播者怀特菲尔德在追求梦想的过程中，经历了无数的挫折。他曾被逐出教会，他的教堂曾被关闭，他自己甚至被迫离开所住的城镇。然而，他依旧在流浪的路途中传道。敌对者雇佣一些人穿上魔鬼的衣服去嘲弄他，向他扔烂泥、臭鸡蛋、烂番茄和切成碎片的死猫肉，并且不止一次地向他扔石头，把他砸得头破血流……同时代的许多名流都对他大加鞭挞和嘲讽，每天，他大概要经历数十次这样那样的挫折和失败，但是，所有的这一切并没阻止他前进的道路。因为，他知道自己的事业是有益于大众的。

终于有一天，成千上万的信徒涌到伦敦郊外的田野上听他的传道。他给威尔士和苏格兰的矿工讲道，为孤儿院募捐。他成了最有传奇经历的、最有魅力的传道者。

坚持，是怀特菲尔德成功的秘诀。试想，如果他面对外界的压力、对手的迫害而放弃自己的传道事业的话，那么历史上还会有这么一个伟人吗？那么他的人生又会是何样的光景呢？也许，那时他只有永远躲在阴暗的角落里，受着政敌的嘲笑！然而，所幸的是，他没有放弃梦想，而是大胆地迎接着世俗的挑战，后来，自己的努力终于赢得了世人的认可。

许多时候，只要我们咬咬牙再坚持一下。也许成功就在不远处，也许我们的手再向前一点就能够触摸到幸福了。

# 幸福的天敌是愚蠢

　　有人说，幸福像花束，散发着温馨的芬芳；有人说，幸福像咖啡，有着浓郁的味道；有人说，幸福像一场流星雨，零散而绚丽，虽快速却是最美的瞬间。幸福是多方面的，外表的美丽，内心的满足，这些都可以被称之为幸福，然而，有一种叫做"虚荣"的情感，它会毁掉这代表幸福的一切。

　　《项链》为我们讲述了一段被"虚荣"无情摧毁的人生。玛蒂尔德非常美丽，但家境贫穷。有一次，她有机会去参加一场盛大的舞会，但却没有首饰，于是便向朋友借了一条项链，那天晚上她无比地风光。可是在回家的路上，她丢失了项链，就借债买了一条昂贵的项链还给朋友，自己却用十年的时间还清了欠款，此时她已经苍老不堪。当再次见到朋友时，她才得知：那晚借来的项链是假的。虚荣，竟是如此可怕，它会像一面镜子，反射出最美的晚霞，过后便是永久的黑暗，太多太多的人因为迷恋于那瞬间的美丽，而付出了惨重的代价。

　　虚荣在微微的施舍之后，就会剥夺我们所拥有的一切。当一个人被虚荣所支配，那个人会被迫为虚荣贡献自己的时间甚至生命，就像是和虚荣签下了主人与奴隶的契约。事过后，如果他的生命之烛还在燃烧，那么能做的就只有伤痕累累的继续生活并为失去的时间流下悔恨的泪水。

　　生活中有太多太多的人为了追求物质上的满足而成为金钱的奴隶，甚至他们会幻想着有一天自己会成为百万富翁，出走于五星级的大酒店，流连于灯火辉煌的大型舞会……这些虚无缥缈的幻想，使他们因为脱离现实而堕落于痛苦的深渊。也有不少浪漫派的女性，每天幻想着生活中

出现一个白马王子，梦想传奇式的爱情，就像包法利夫人一样，总是向往着贵族社会的风雅生活，期待着浪漫的爱情。可是现实和她的梦想相隔十万八千里，她周围只是一些举止无风度，见解平庸，谈吐和人行道一样平板的人，她好像沉了船的水手，向白蒙蒙的天边寻找白帆的踪影，百无聊赖的生活，灵魂的苦闷，对爱情的渴求，最后因负债和爱情绝望而自杀。她是个乡下人，却向往着贵妇人的生活方式，她根本不理解现实，如何能逃脱自我毁灭的命运呢？造成这样一个悲剧，难道不是虚荣心在作祟吗？

还有一种叫"猜忌"的东西，也会影响你的人生幸福，甚至会摧毁你所拥有的幸福，将你拉入人生的无底深渊。有些女人，总是喜欢猜忌自己的爱人，这是因为她们爱的太深，在内心深处缺少一种安全感，总是害怕有一天会在不经意间失去自己手中的幸福，于是她们费尽心机，使出一个个妙招来对付男人。当然，她们并没有意识到正是自己的猜忌让自己的幸福从手中溜走的。

听人讲过这样一个故事：有个女贼入室偷窃，正巧遇上女主人外出归来，女贼来不及逃走，干脆大大方方地坐在客厅沙发上，来了个反客为主，质问女主人："你是谁？"在女主人惊愕之时，她又荡笑着追问道："哈，我知道了，你是这家男主人的另一个相好的吧？"女主人气得犯晕，操起东西就追打女贼，赶她滚。女贼轻松逃脱后，打电话回来奚落女主人说："我用这招已多次得手了，怪事呀，竟然有这么多傻女人不相信自己的丈夫！"女主人恍然大悟，继而羞愧不已。是啊，丈夫平日也只是在外应酬多点而已，自己为什么就在关键时刻不信任自己丈夫呢？

故事中的女人竟然不相信自己的丈夫，这才使小偷得以逃脱。不过，所幸的是她在小偷打来电话时终于醒悟了过来，并没有对自己的婚姻造成大的损失。然而，在我们的生活中，因为猜忌造成婚姻破裂的事例比比皆是，有些人为了拴住自己的丈夫，整天想着法子试探男人，轻则利用电话试探，重则找人跟踪，这倒是很容易让人想起电视剧里的镜头。这种情形久而久之，一定会被男人发觉，而此时便是一场战争的开始，轻则大吵大闹，重则可能会走到婚姻的边缘。但这一切都是由女人的猜忌引起的，是她们自己亲手毁灭了自己的幸福。也许她们还为此而想不通，也许她们还为以爱的名义来为自己辩护呢！

所以说，在婚姻之中，千万不要无端猜忌对方。夫妻关系是非常脆弱的，经不起无尽的猜忌和试探。给彼此一点信任，它会让你们的关系更加牢固，亦会无声地挽救你们。

如果你想拥有一个幸福的人生，那么请放下一切愚蠢的行为，脚踏实地地过好生命中的每一天吧！如果你想拥有一个美满的婚姻，那么请放下你的猜忌，给婚姻一个可以呼吸的空间吧！

# 寂寞是幸福最好的作料

在物欲横流的社会上，在漫漫的人生中充满着酸甜苦辣，得意与失意，欢心与悲哀，希望与失望，幸福与痛苦。很多人总是想方设法驱赶着内心的寂寞，其实，有时候寂寞是幸福最好的作料。君不见，只有黑夜里才能看到美丽的繁星，也只有耐得住寂寞才能学会感受幸福、创造幸福！

曾经有一个美丽的传说：西西里岛附近海域有一座塞壬岛，长着鹰的翅膀的塞壬女妖唱着魔歌引诱过往的船只。特洛伊战争的英雄奥得修斯曾路过塞壬女妖居住的海岛，他早就听说过一件可怕的事情：女妖善于用美妙的歌声勾人魂魄，而登陆的人总是要死亡。奥得修斯嘱咐同伴们用蜡封住耳朵，免得他们被女妖的歌声所诱惑，而他自己却没有塞住耳朵，他想听听女妖的声音到底有多美。为了安全起见，他让同伴们把自己绑在桅杆上，并告诉他们千万不要在中途给他松绑，而且他越是央求，他们越要把他绑得更紧。

船行到中途时，奥得修斯看到几个衣着华丽的美女翩翩而来，她们声音如莺歌燕啼，婉转跌宕，动人心弦。奥得修斯心中顿时燃起熊熊烈火，他急于奔向她们，大声喊着让同伴们放他下来。但同伴们根本听不见他在说什么，他们仍然在奋力向前划船。有一位同伴看到了他的挣扎，知道他此刻正在遭受着诱惑的煎熬，于是走上前，把他绑得更紧。就这样，他们终于顺利通过了女妖居住的海岛。

想要耐得住寂寞，就需要自觉抵制来自各方面的诱惑，并且始终以健康的心态抵制各种困扰。在这个优胜劣汰的世界上，只有耐得住寂寞，多一点理智反省，少一些牢骚怨气，才能不断提高自身的素养，从而达到完善自我的目的。

其实，耐得住寂寞，是一种悲壮的美丽，是吟唤理性的天籁。与其面对着寂寞唉声叹气，倒不如勇敢地面对寂寞。只要不被寂寞扼制，用非凡的意志克服寂寞所带来的心灵困扰，人生便具有了超凡脱俗、至善至真的内蕴，就能够体会到寂寞的美妙之处，从而忘乎所以地陶醉其中。

有人认为甘于寂寞是一种消极厌世的人生态度，是一种与世无争、自命清高的做法。这种看法是有失偏破的。寂寞者并非高群所居，闭门独处；亦非超凡入禅，与世隔绝；更非消极厌世，颓唐沮丧。所谓的甘于寂寞，是对追名逐利、浮躁骄矜的一种睥睨，是对市侩俗气、纸醉金迷的一种鄙夷，是在宁静淡泊、耿介拔俗中默默耕耘的一种精神境界。正因为这样，那些甘于寂寞的人常有着丰富的内心世界，有自己理想的绿洲和希冀的花朵，更有一颗赤子之心和乐于奉献的情怀。甘于寂寞者也正是因为这样，才使得他们拥有强烈的自尊心和自信力。在寂寞中，他们不但默默地耕耘，还用着自己良知和理性严格的塑造自己、鞭策自己和完善自己。

人生在世，寂寞是难免的。如果你能不为寂寞所伤害，不在寂寞中消沉，学会走出寂寞，把生活调节得有滋有味，那么你的人生一定会幸福美好的。对于平常人来说，落落寡合时与心境开朗时，山还是山，水还是水，世界并没有发生什么大的变化。寂寞是一种心境，就像一层薄薄的雾笼罩其中，当你撩开它时，就会发现：外面的世界真的很精彩，只要你真正地投入其中，生活就会变得充满诗情画意。

所以说，耐得住寂寞是一种智慧、一种精神内涵，人的情感最易受麻醉，更需要我们耐得住寂寞。当你甘于寂寞，并且真正地耐得住寂寞的时候，幸福便会离你不远了。每个人都渴望成功、快乐，然而当这些东西过多地充塞在我们生命中时，寂寞的到来则会让人生变得更加丰富多彩，毕竟，我们的心灵也需要调剂。这个时候，寂寞自然就成了最好的作料了。

 # 永远不要把自己的幸福寄托在别人身上

知道吗，你是撑起自己的唯一，只有你自己真正精彩起来了，那才是真正的精彩和强大，如果你无法将自己撑起，那么别人是永远撑不起你的，哪怕是你的爱人，要知道再伟大的爱情也不可能强于自己的内心世界，爱并不是生活的唯一。

只要你自己真正撑起来了，别人才不能将你压垮。请对生活多一份热爱，多一份憧憬，请不要把幸福系在别人身上。

曾经有一个女孩给我讲了一个爱情故事：女孩跟男友好了两年，两年里虽然聚少散多，但每天至少一个电话，也算浪漫。男友可爱，会逗女孩生气，更会哄女孩开心；女孩温柔，水一样缠着男友，一天没有男友的音讯就丢了魂儿似的。后来，女孩留在一个小县城教中学，男友到一个大城市读研。女孩并不愿意留在小县城，男友说等我毕了业，就把你从小县城里带出来。然而半年后男友竟然提出了分手……女孩整日以泪洗面，不久又大病一场，病愈后心死了大半。

爱，有时候说来的时候就悄然地来到你的身边，可是说走的时候也就悄然离去。在这个世界上没有谁能够真正掌控得了爱神的行踪，如果我们把自己的幸福寄托在了别人身上，当希望破灭时将是何样的痛苦。故事中的女孩将自己的未来交在男友的手中，可是得来的是什么样的结局呢？有时候，一个人的诺言真的很轻很轻，一个人的能力真的非常有限，一个人的生命又是那样地脆弱，实在承载不了太多，一旦别人有意无意弄丢了你的幸福，那么那个损失最为惨重的人还是你自己。

其实，最保险的做法就是把命运掌控在自己的手中，把幸福寄托在自己的身上。然而，很多人总是一次次地犯同样的错误，他们总是自以为是

地把希望交在了别人的手上。自然，命运带给他们的也将是悔恨与无奈。

一位父亲和他的儿子出征打仗。父亲已做了将军，儿子还只是马前卒。有一天，父亲庄严地托起一个箭囊，其中插着一支箭。父亲郑重对儿子说："这是家袭宝箭，带在身边，力量无穷，但千万不可抽出来。"

儿子喜上眉梢，贪婪地推想箭杆、箭头的模样，耳旁仿佛嗖嗖的箭声掠过，这个时候他变得英勇非凡，所向披靡，就连敌方的主帅都应声落马而毙。

当鸣金收兵的号角吹响时，儿子再也禁不住得胜的豪气，完全背弃了父亲的叮嘱，强烈的欲望驱赶着他呼一声就拔出宝箭，试图看个究竟。骤然间他惊呆了：一只断箭，箭囊里装着一只折断的箭。他仿佛顷刻间失去支柱的房子，轰然意志坍塌了。结果不言自明，儿子惨死于乱箭之中。

父亲拣起那柄断箭，沉重地说道："不相信自己的意志，永远也做不成将军。"

把胜败寄托在外物上，是多么不明智的事情。当你把自己生命的核心与把柄交给别人时，自己将处于何样的境地呢？也许等待你的将是失败与灭亡的命运！在我们的生活中，每个人都有自己的梦想，每个人都寻找着幸福，但是当你的梦想还很遥远时，当你的幸福不知在何方时，你可曾问过自己：我为自己的梦想付出了多少努力？我是不是在等待着幸运的降临呢？我是不是把自己的希望寄托在了别人的身上呢？

放下你的等待吧，放下你不切实际的幻想吧！所谓自助者天助，那个拯救你的人只能是你自己，从现在开始扬起你长鞭，向着梦想的方向奔跑吧！相信，总命运之神一定会垂青于你的。

任何时候都不要拿你的幸福作赌注

在感情的世界里，很多人总是幻想着前面会有更好的风景等着自己，所以一路狂奔，根本无心去欣赏旅途中其实是绝世的奇景。等到走到无路可退，回身已难的时候，才想起曾经拥有的那份美好。只因为这个世界有太多的诱惑，名与利，权与势，这些诱惑像诱饵，虽然知道可能是个陷阱，还是身不由己义无反顾的一口吞食下去，到头后悔已晚。然而，在我们的现实生活中，拿一生的幸福作赌注的事情比比皆是。

大学生征婚作为城市的一个热门话题，早已不是新闻，即将毕业的部分大学生将婚姻视为就业的一条捷径，更被一些学生戏称为"曲线就业"。然而，如果为谋得一个饭碗，那些本来十分优秀而本分的大学生便变得如此不自信，甚至甘愿主动与社会实施"逆向接轨"，愿意做二奶。

"做人难，做女人更难，做成功女人则是难上加难"，现在这句话已经被改成"干得好难，嫁得好更难，要想既嫁得好又干得好，则是难上加难。"追求幸福的生活是每个人内心都非常渴望的，但是要用终身幸福作赌注，就不得不让我们为之担忧了。

婚姻并不是一张"长期饭票"，更不能代替自己的事业，它的前提是爱情。婚姻就是婚姻，这是生活的最重要的方面。对于婚姻，固然要关注对方的钱多钱少，毕竟，婚姻是以金钱作为经济基础的，然而，更多的还要看对方的性格和品德，要看两个人生活在一起是不是合得来。如果仅仅把婚姻当作"长期饭票"，如果仅仅把婚姻当作一种变相的游戏，当你错误地找了一个并不合适的人时，那么付出的将是一生的代价，这样是不是太不合算了。有句话说得好：成功，是苦根上结出的甜果，没有努力，一切梦想都只能是梦里看花、水中捞月而已。所以把自己的幸福寄托在婚姻之上，把自己的一生赌在婚姻上，是非常不明智的。自己想要的东西要靠自己的双手去拿，这样自己的心理才会踏实一些；自己的幸福要自己去争取，这样才能体会到其中的快乐。倘若只是把婚姻当成一桩赌博，那么你在没有开始的时候就已经注定了失败的命运。

有这样一个故事：有一天，一个女人去算命想看看她的未来老公会怎样。算命先生叫她伸出手来。算命人把手掌上的几条纹路指给她看："这是爱情线，这是事业线，这是生命线"然后算命先生叫她把手握住说道：你的未来全在你自己的手中，所以自己的幸福是在自己手中的，不是嫁一个好老公就行的，你自己如果不好学，那么你将被这个世界淘汰，当然也会被你的"好老公"淘汰，你何不让自己成为一个人人都想爱的"好女人"呢？

算命先生是聪明的，他道出了人生的真谛。其实，自己的命运是靠自己来把握的，如果自以为是地把"宝"押在婚姻上，那么赔上的将是自己一生的幸福。所以，在此奉劝诸位：**任何时候都不要拿你的幸福作赌注！**

12

幸福有时是要付出代价的

　　关于幸福，每个人都有自己的理解。我们很难给幸福下一个完美的定义。因为幸福不幸福只有自己知道。幸福是一种感觉，而且往往就站在你我悲伤痛苦的身后。生活中的挫折往往给人造成精神上的烦恼和痛苦，给人生之路造成坎坷和曲折。但是在一定条件下它也会变成好事，使人经受考验，得到锻炼，从而变困难为顺利，变挫折为成功。也许，没有挫折的人生注定不是一个完整的人生，布满人生路上的小小挫折也正是走向真幸福的代价。

 # 幸福就在痛苦的后面

关于幸福，每个人都有自己的理解。我们很难给幸福下一个完美的定义。因为幸福不幸福只有自己知道。因此说，幸福是一种感觉，而且往往就在你我悲伤痛苦的身后。

很多人一定听说过这样一个故事，沙漠中的两个行人都剩下了半壶水了。甲愁眉苦脸地说：我只有半壶水了。乙却乐观地说：恩，不错，我还有半壶水。我们说，此时他们谁更幸福点？从某种意义上说，无休止的欲望是我们获得幸福的最大障碍。富足的人不一定比贫穷的人幸福，健康的不一定比生病的人幸福，这只是一个心态问题。如果我们去医院，去非洲灾区，去伊拉克战场上看一看，你一定会感觉到你的幸福。

生活中的挫折往往给人造成精神上的烦恼和痛苦，给人生之路造成坎坷和曲折。但是在一定条件下它也会变成好事，使人经受考验，得到锻炼，催人振奋精神，从而变困难为顺利，变挫折为成功。也许，没有挫折的人生注定不是一个完整的人生，也许没有挫折的人生注定是难以幸福的。

一场车祸使他失去了一只眼睛、一条腿和赖以生存的工作。但是，面对人生的巨大不幸，他没有悲观绝望、怨天尤人，而是振奋起精神与命运进行顽强的斗争。

当时，他最迫切的是找一份新的工作来谋生，来养活自己，令人不可思议的是他选择了写作。可是，他从来就没有写过任何文学类的东西。

在开始的几年里，他所有辛勤换来的是无数个拒绝。他没有灰心气馁，而是以更高的热情与加倍的努力继续笔耕不辍。苍天不负有心人，在艰辛的付出后，他终于获得了成功：他不仅先后出版了 20 多部作品，还数

十次在文学大赛中获得大奖，成为举世闻名的作家。

正当他的文学事业如日中天时，他却做出又一惊人之举：徒步周游世界。那年他刚好 60 岁。

带着重新安装的假肢和对理想的追求，他踏上了艰苦跋涉的征程。短短几年时间里，他的足迹遍及整个美洲大陆和欧洲大陆，1916 年，已年近古稀的他拖着一条假腿，竟然奇迹般地登上了终年冰雪覆盖的非洲最高峰。

他就是美国著名的作家、旅行家、探险家海曼斯。

上帝是公平的，命运在向海曼斯关闭的一扇窗的同时，又为他打开另一扇窗。世界上任何事物都是一分为二的，我们看到的只是其中的一个侧面，这个侧面使人痛苦，但痛苦却往往可以转化为幸福。有一个成语叫做"蚌病成珠"，这是对生活最贴切的比喻。蚌因身体上嵌入沙子，伤口的刺激使它不断分泌物质来疗伤，等到伤口愈合时，旧伤处就出现一颗晶莹的珍珠。哪粒珍珠不是由痛苦孕育而成？任何不幸、失败与损失，都可能成为我们走向成功的有利条件，任何痛苦都可能是幸福人生的前奏。

# 放弃进攻就是最好的进攻

在我们的生命中，有时候能够放弃进攻就是最好的进攻，当你能够放弃一些东西做到简单而从容地活着的时候，你就可以坦然地度过人生的低谷了。这就是以退为进的哲学。

1076 年，德意志神圣罗马帝国皇帝亨利与教皇格里高利争权夺位的斗争发展到了势不两立的地步。亨利一心想摆脱罗马教廷的控制；教皇则想将亨利所有的自主权都剥夺殆尽。

亨利首先发难，召集德国境内各教区的教士们开了一个宗教会议，宣布废除格里高利的教皇职位。而格里高利也不甘示弱，他在罗马的拉特兰白宫召开了一个全基督教会的会议，宣布驱逐亨利出教，不仅要德国人反对亨利也在其他国家掀起了反亨利的浪潮。

一时间德国内外反亨利力量声势震天，特别是德国境内的大大小小的封建主都起来造反，向亨利的王位发起了挑战。

亨利面对危局，被迫妥协，于 1077 年 1 月身穿破衣，骑着毛驴，冒着严寒，翻山越岭，千里迢迢地前往罗马，向教皇认罪忏悔。

但格里高利故意不予理睬，在亨利到达之前就躲到了远离罗马的卡诺莎行宫。亨利面对此种情形无可奈何，只好又前往卡诺莎去拜见教皇。

然而，当他到了卡诺莎后。教皇紧闭城堡大门，不让他进来。为了保住皇帝宝座，亨利忍辱跪在城堡门前求饶。当时大雪纷纷天寒地冻，身为帝王之尊的亨利屈膝脱帽，一直在雪地上跪了三天三夜，教皇才开门相迎，饶恕了他。这就是历史上著名的"卡诺莎之行。"

最后，亨利恢复了教籍。保住帝位返回德国。

从这个事件中我们可以看出，亨利放弃进攻得到了教皇的饶恕，解除

了他与教皇的对峙局面，可能会有人会对这种做法嗤之以鼻，认为此举低三下四、尊严扫尽。但在关键时候，放弃眼下似乎很重要的东西就能获得长远的胜利。

留得青山在，不怕没柴烧。德国皇帝跪在雪地上请求原谅就是以吃"眼前亏"来换取以后的利益，为了生存和实现更远大的目标，如果因为不肯低头而蒙受巨大的损失，甚至把国家都搞丢了，哪还谈什么未来和理想。可是，在现实生活中，有不少人为了眼前的利益，为了所谓的"面子"和"尊严"就会与对方强拼。结果一败涂地有些人虽然获得"惨胜"却也元气大伤。

后来，帝国皇帝亨利集中精力整洁内部，然后派兵把一个个封建主各个击破，剥夺了他们的爵位和封邑，并且把危及自己帝位的内外反抗势力逐一歼灭。在阵脚稳固之后他立即发兵进攻罗马，在亨利的强兵面前，格里高利弃城逃跑，最后客死他乡。

所以，当你身处不利的环境时，千万别逞一时英雄，逞一时之强只有争取获得最后的胜利才能算用上真正的英雄，到那时，加上你适当的努力肯定会得到你想要的一切。

汉代公孙弘生活十分俭朴，吃饭只有一个草案，睡觉也只盖普通棉被。就因为这样，大臣汲黯向汉武帝参了一本，批评公孙弘位列三公，有相当可观的俸禄，却只盖普通棉被，其实是使诈以沽名钓誉，目的是为了骗取俭朴清廉的美名。

汉武帝便问公孙弘："汲黯所说的都是事实吗？"公孙弘回答道："汲黯说得一点没错。满朝大臣中，他与我交用最好，也是了解我。今天他当着众人的面指责我，正是切中了我的要害。我位列三公，生活水准和普通百姓一样，确实是故意装得清廉以沽名钓誉。如果不是汲黯忠心耿耿，陛下怎么会听到对我的这种批评呢？"汉武帝听了公孙弘的这一番话，反倒觉得他为人谦让，就更加尊重他了。

公孙弘面对汲黯的指责和汉武帝的询问，并没有自己辩解，而且全都承认，承认自己沽名钓誉，这其实就是在说至少"现在没使诈"。由于"现在没有使诈"被指责者及旁观者都认可了，也就减轻了罪责的分量。公孙弘的高明之处，还在于对比自己资格高的人大加赞扬，认为他是"忠心耿耿"。这样一来，便给皇帝及同僚们这样的印象；公孙弘确实是"宰相肚里能撑船"。既然众人有了这样的心态，那么公孙弘就不用再辩解沽名钓誉了，毕竟这不是什么政治野心，对皇帝构不成威胁，对同僚也构不成伤害，只是个人对清名的一种癖好，无伤大雅。

在生活中，以退为进是一种大的智慧。一个人如果在这方面运用得好，便能受益匪浅。 有时候，一些人可能对情况不怎么了解就胡乱下结论，甚至会把一些莫须有的罪名加到你的头上，这时候你去辩解反而会让人觉得你心中有鬼，即便最后得到澄清也极可能给人留下一种不好的印象，更何况有时候你无意之中真的会犯一些错误。

对万事万物我们其实都不可能有绝对的把握。拥有的时候，也许我们正在慢慢地失去，而当我们放弃的时候，也许又会重新获得。如果我们刻意地去追求拥有，那么就很难走出患得患失的误区。有心栽花花不开，无心插柳柳成荫，暂时的谦让后退，并非永远的放弃，而是为了能更好地拥有。只有这样幸福快乐才会真正陪伴着你不再离开。

# "剪掉"不适合自己的花骨朵

对很多人来说，如果刚刚步入社会就能够很好地运用自己的精力，不让它消耗在一些无关紧要的事情上，那么就会有成功的希望。但是，很多人总是喜欢东学一点、西学一下，尽管忙碌了一生却没有培养出自己的专长，结果，到头来一事无成，更不用说有什么强项。

聪明的人知道如何把自己的全部精力集中在一件事情上，"剪掉"不适合自己干的事情，留下一个真正适合自己的发展空间。唯有如此才能实现自己的目标，聪明的人也善于依靠不屈不挠的意志、百折不回的决心以及持之以恒的忍耐力，努力在激烈的生存竞争中占有一席之地。

大名鼎鼎的石油大王洛克菲勒有一句这样的名言：当玫瑰含苞欲放时，须剪掉它周围的花骨朵。这个道理是非常简单的，一枝花才能独秀，富有经验的园丁们都深谙此道，他们很清楚地知道，为了让树木更加茁壮地成长，为了让以后的果实结得更饱满，就必须要忍痛将这些旁枝剪去。否则，如果保留这些枝条，那么肯定会极大地影响将来的总收成。

做人其实就像养花一样，我们与其把所有的精力都消耗在许多没有意义的事情上，还不如看准一项适合自己的事业，然后集中所有的精力，埋下头来好好干，全力以赴，这样才会取得杰出的成绩。

如果你想成为一个受人爱戴的领袖，成为一个才识过人、卓越杰出的人物，就一定要排除大脑中许许多多杂乱无绪的念头。如果你想在一个重要的方面取得非凡的成绩，那么就得大大方方地举起剪刀，把所有微不足道的、平凡无奇的、毫无把握的愿望完全"剪去"，即便是那些看似已经有可能实现的愿望，也要服从于自己的主要发展方向，必须忍痛"剪掉"。

世界上有无数人在为梦想而奋斗着，可是很多人都没有获得理想中的

成功呢？那是因为他们不能集中精力、不能全力以赴地去做适合自己的工作，他们把自己的精力消耗在无数琐事之中，而自己竟然从来没觉悟到这一点：如果他们把心中的那些杂念——剪掉，使生命力中的所有养料都集中到一个方面，那么他们将来一定会惊讶——自己的事业竟然能够结出那么美丽丰硕的果实！拥有一种专门的技能要比有十种心思来得有价值，有专门技能的人随时随地都会在这方面下工夫求得进步，时时刻刻都会想方设法地弥补自己在这方面的欠缺，总是尽力地要把事情做得尽善尽美。而有十种心思的人却不一样，他可能忙都忙不过来，顾了这个就会丢了那个，到头就会落得个顾此失彼的结局，自然是不可能取得突出成绩了。

这是一个经济日益发展的时代，随着经济的发展竞争也日趋激烈，所以，我们一定要集中所有的精力，为自己的目标而全力以赴，这样才能够做到精益求精，这样才能取得惊人的成功。

过度的坚持就是更大的浪费

在我们的生活中并不需要无谓的执著，没有什么不能真正地割舍，学会适时地放弃，生活会更容易一些。成功者的秘诀是随时检视自己的选择是否会有偏差，合理地调整自己的目标，放弃无谓的固执，然后轻松地走向成功。一个聪明的人应该知道什么时候坚持，什么时候可以放弃。坚持是一种良好的品性，但在有些事上，过度的坚持，会导致更大的损失。

在历史上，很多人把毕生的精力投入到对永动机的研究上了，结果浪费了大量的人力物力。因此，在一些没有胜算把握和科学根据的前提下，应该见好就收，知难而退。

有人认为：如果没有成功的希望，屡屡试验是愚蠢的、毫无益处的。

牛顿早年就是永动机的追随者。在进行了很多的实验之后，他很失望，但他很明智地退出了对永动机的研究，在力学中投入更大的精力。最终，许多永动机的研究者默默而终，而牛顿却因摆脱了无谓的研究，而在力学方面取得了卓越的成果。

在人生的每一个关键时刻，我们都应该审慎地运用智慧，做最正确的判断，及时检视选择的角度，选择正确的方向。放掉无谓的固执，冷静地为自己的人生做一个正确的选择。每次正确无误的抉择将指引你走在人生的大道之上。

有的人失败，并不是因为没有能力，而是因为选择错了目标，成功者为避免失败会时刻去检查目标是否合乎实际，合乎道德。

阿尔弗莱德·福勒虽然非常努力，但却还是失去了三份工作。之后，当他尝试推销刷子时，马上意识到，自己喜欢这种工作。

不久，他就成了一个出色的销售员。在攀登成功的阶梯时，他有个想法：那就是创办自己的公司。如果他能经营买卖，这个目标就会十分适合他的个性。

后来，阿尔弗莱德·福勒停止了为别人销售刷子。这时他比过去任何时候都高兴。他在晚上制造自己的刷子，第二天就出售。销售额开始上升的时候，他就在一所旧棚房里租下一块空间，雇用一名助手，为他制造刷子。而他自己则集中精力搞销售。最终，那个最初失去了三份工作的人成立了自己的公司，并且拥有几千名销售员和数百万美元的年收入！

如果你想获取成功，你就得先树立起自己的目标，因为这将是你人生的起点。没有目标，就不会有动力，但这个目标必须是合理的，即合乎实际情况和客观规律、合乎社会道德的，如果不是，就算你再有本事，付出千百倍的努力，也是难以达成心愿的。

莎士比亚在爵士的花园里，开枪打死了一头鹿。结果，莎士比亚被当场抓住了。他囚禁在管家的房间里，受尽了侮辱。释放后，他便写了一首尖刻的讽刺诗，贴在花园的大门上。这下子可惹怒了爵士，他扬言要诉诸法律，严惩那写歪诗的偷鹿贼。于是诗人在家乡呆不下去了，只好走上去伦敦的途程。正如作家华盛顿·欧文所说："从此斯特拉福德镇失去了一个手艺不高的梳羊毛的人，而全世界却获得了一位不朽的诗人。"

在追求理想的道路上，我们应该绝不轻言放弃，可是面对残酷的现实，有时候我们不得不学会放弃。我们不可能得到自己想的任何东西，所以我们应该学会放弃，放弃沮丧时的坏心情，放弃一次没有把握的面试，放弃费力也做不好的事情，放弃一切对自己不利的东西……无谓的执著只会给自己带来无尽的痛苦，增加心理的负担。选择放弃，才能使人释然，令人豁达！

如果你想拥有永远的掌声，你就得学会放弃眼前的虚荣。放弃并不意味着失去，因为只有放弃才会有另一种获得。

选择放弃，不是萎靡退缩，消极避让，不是扔掉一切，得过且过，而是善于审时度势，从自己的实际出发，进行明智的选择。而有些东西对我们来说，是万万不能放弃的，比如热爱生活，珍惜时光，保持乐观向上的心情，追求身心健康等等。

与其苦苦追求那遥不可及的理想，倒不如聪明洒脱地放弃。坚持的精神固然可嘉，但是你可知道胜利的背后有多少不为人知的痛苦与悲伤？我们全部的错误在于愚蠢的坚持。

所以说，我们仅仅拥有是远远不够的，也是极为不现实的，必须在应该放弃的时候学会放弃！只有放弃，才能够更好的拥有。

放弃其实就是一种选择。走在人生的十字路口上，你必须学会选择适合自己的道路，面对失败，你必须学会放弃懦弱，面对成功，你必须学会放弃一切空洞的虚名妄利。

我们只有在困境中放弃沉重的负担，才会拥有必胜的信念。放弃我们应该放弃的，我们才会拥有更多。

在人生的大道上，一个人要懂得选择，选择你自己喜欢的并擅长做的事情。只有当你找到自己的人生坐标时，你才能够充分发挥自己的聪明才智，从而改变自己的命运，达到成功的彼岸。

做事要懂得见好就收

有一个登山队员有幸参加了攀登珠穆朗玛峰的活动，由于体力不支他在爬到在 6400 米的高度的时候便停了下来。当他向人们说起这件事时，人们都替他惋惜，问他为何不再坚持一下呢？再攀一点高度，再咬紧一下牙关。

然而，他立马回答道："不，我最清楚，6400 米的海拔是我登山生涯的最高点，我一点都没有遗憾。"

在人生的大道上，有时候认清自己，在恰到好处时戛然而止不失为一种明智的选择。悠然下山也是一种征服，征服了自己的欲望。毕竟，在我们的生命中有些事，需要及时收场，需要重新再来。

见好就收是一种恰到好处的放弃，但见好就收并不是舍弃如荼的生活主流而走远，见好就收更不是强求不食人间烟火的脱俗。见好就收是呼吁一种简单而率直的生活理念，一种近乎平淡却真挚的人生态度。进与退是矛盾的两个方面，世界上的一切事情都是有进就有退的。如果说"逆水行舟"是一种进的艺术，那么"见好就收"就是一种退的艺术。聪明人往往深谙见好就收的道理，由于能够在应该退的时候勇敢地退下来，所以才能立于不败之地。见好就收虽然是一种放弃，但它更是一种智慧的表现、一种明智的举动。

成功者之所以能够成功，其在某方面必定有自己的过人之处，但即便如此也很少能够做到面面俱到、十全十美。因为人在发展某一方面才能的同时，也就意味着放弃其他方面。虽然有的人并没有认识到这个道理，但这并不妨碍这个事实的存在。即使在一个具体的生活或工作方面，有所得亦有所失，有意识地放弃往往是争取更大成功的前提条件。

　　当人执拗于某一方面如金钱、名誉、地位或某项工作时，往往会表现出只专注于此，而不计其他的情况。无论是生活的哪个方面，总想"鱼和熊掌兼得"，什么都想要的人其实经常是顾此失彼，到最后甚至一无所有。

　　见好就收，并不是让你放弃自己既定的生活目标、放弃对事业的不懈努力和追求，而是放弃那些不切实际的生活目标。其实，任何获得都需要付出代价，付出就是一种放弃。人在生活中需要不断地做出选择，选择也是一种放弃。面对纷繁复杂的社会，有着太多太多的诱惑，拒绝诱惑也是一种放弃。

　　见好就收，并不一定就是无能的表现，并不一定就遇难畏惧、临阵脱逃的借口。

　　有时候，见好就收恰恰就是一种心灵高度的跨越，就是一种拿得起，放得下的超脱。学会见好就收，不是不食人间烟火、清高自负，而是为人有道，胸怀达观；学会见好就收，不是摒弃人格、放弃原则，而是坚持真理、一往无前；学会见好就收，而后获取，这是人生的一种智慧、一种哲理、一种艺术。

　　春秋时期越国名相范蠡一生辅佐越王勾践成就霸业，功高一世。然而，他却能够及时察觉出事态发展变化的趋势，在功名利禄和自己前途命运的双重选择下，毅然决定急流勇退，不但保全了自己的生命，而且还为自己创造了一个新的人生起点，从而成为一代富商。

　　能够及时地放下生命里的一些东西，是一种果断、明智的选择。见好就收是一种高远的目光，是一种趋利避害的聪明，是一种以退为进的艺术。在曲折的人生之路上，当你真正地懂得急流勇退时，你的人生便会有一个更加美好的起点，它会指引着你走向另一片灿烂的天空。

# 成功不是为了牺牲快乐

成功，是每个人都会向往的。有些人甚至为了成功牺牲了生活中的快乐。其实，这是非常不值得的事情。毕竟，人类是不是为了成功才来到人间，而是为了享受快乐而来的。

据大河报报道，为寻找自己的快乐生活，身为欧洲工商管理硕士（MBA）的吕佳朋放弃在南方2万多元的月薪，到家乡濮阳担任一名月薪不足千元的英语幼儿教师。

吕佳朋，祖籍濮阳市，从爱尔兰大学工商管理（MBA）专业毕业回国。之后，凭借自己的能力，他应聘到深圳一家公司任业务主管，月薪2万余元。

后来，吕佳朋来到濮阳市幼儿园，主动要求任月薪不足千元的英语老师。他说，当男"阿姨"让自己找到了快乐！

也许有人会对吕佳朋的做法表示不理解，他完全可以拥有高职位、高收入，然而为了让自己活得更开心一点，他选择了做幼儿教师。每个人都有自己的选择，他在众多的选择中，选择的是快乐，放下的是许多人梦寐以求的东西。很显然，他为了快乐而放弃了成功。

吕佳朋的做法似乎有些另类，很多人只会为了自己的成功而牺牲快乐。更有一些父母把希望寄托在孩子身上，他们为了成功硬是要夺走孩子的快乐。这种方法自然是不可取的。

洋洋的妈妈总是说着这样的话："儿子，妈妈将来可全靠你了，你可千万别贪玩一定要努力！""儿子，别忘了周末参加特长班培训！""儿子，你将来有出息了一定给妈妈买巴黎的时装啊！""儿子，你可千万不能输给邻楼的小宝"……

一听到这样的话，洋洋的脑子就不由自主地发懵、发愦。他说，妈妈现在几乎不能看到他玩游戏或跟同学聊天，否则就会忍不住说出一大通道理来。妈妈除了要求他学好文化课程外，还给他报了 3 个学习班。洋洋最受不了妈妈给他的压力，"我几乎没有休息时间，每个周末都得徘徊在各个培训班之间，我很累，也很疲惫！"

家长望子成龙的心情，我们是完全可以理解的。然而，父母是父母，孩子是孩子，有必要为了让孩子更加的出人头地，更加的优秀而牺牲他们童年的快乐吗？有必要为了一时的虚荣而折磨自己心爱的孩子吗？洋洋累了，孩子累了，你难道没有听见孩子发自内心的声音吗？我宁愿做一个平庸而快乐的孩子，也不要做一个出色而痛苦的名人。是的，父母与孩子对成功的理解产生了偏差，一个极力要求得到成功，甚至为此不惜任何代价，而一个却不甘被操纵，拼命地挣扎着，拼命地寻找着属于自己的人生快乐。快乐，是孩子应有的，做大人的不能太过自私，不能为了虚无缥缈的成功而赔上孩子的快乐。

我们的传统观念和价值取向把成功定义在一个狭小的圈子里，认为只有追逐最大化的名利才是获得成功。其实，成功是多元化的，它没有大小之分，没有行业之分，只要能做到最好的自己，把积累的知识和经验渗透到每一件事情的细节中，一定就会成功！

一位名人曾经说过，成功是没有标准的。

它并不意味着是第一，也并不意味着超越所有的人，而是竭尽所能地去做自己应该做的事情，也许结果并不是最优秀的，但这仍不失为一种成功。社会是十分复杂的，并不是一个所能左右得了的，一个人过于突出或者冒尖，是一种非常危险的状态。因此，要想过上幸福的生活，过程才是最重要的，活在此刻，享受现在才不失为一种明智的抉择。

在我们的生活中，为了眼前的成功而牺牲了快乐与幸福的例子比比皆是，有人为了自己的事业冷落了情侣，情人变成最熟悉的陌生人；有人为了工作顾及不了家人，家破人散；有人为了工作事业，抛却了健康，幸福离他远去⋯⋯

当陷入这种境地时，你可曾对人生做一番深入的思考。在我们的人生之中，成功与快乐到底哪个更为重要呢？当你将成功摆在了第一位时，快乐与幸福在哪里呢？你为了梦想中的成功放弃了自己的幸福，可是到头来，等你真的功成名就的时候，突然发现原来属于自己的幸福已经不在了。你是应该庆幸呢，还是应该痛哭呢？

人，有时候要权衡好事物的利与弊，再做出一个明智的选择。显然，放下幸福，去追求成功是极为不聪明的做法。人生不能因为事业的成功而失去已经拥有的幸福，不能把事业作为怠慢情侣、家人的借口。

其实，事业的成功可以不以牺牲已有的幸福与快乐为代价，如果你有平衡的意识，相信你一定会快快乐乐地成功，而不是为了成功牺牲你的快乐，或者说成功以后再去重新找寻快乐。应该是快快乐乐去成功，绝不是成功后再找寻快乐。

# 不要试图讨好所有的人

很久以前，有爷爷和孙儿在市场买到一头小毛驴。在回家的路上，先是爷爷骑着毛驴，孙儿跟在后头走。走了一段路后，遇上一群妇女。妇女们就指责老头，说大人骑驴让小孩走路，不像话。老头听了就立即下来，改让孙儿骑驴。

又走了一段路，遇上一群老年人。老年人指着小孩骂："这小子真不孝，年纪轻轻的骑着驴，让老人走路。"孙儿听了，便马上叫爷爷上来一起骑。

两人又走了一段路，遇上一群养驴人。养驴人指着祖孙二人说："这么小的毛驴，两个人骑，太狠心了，这驴儿肯定会累死的。"祖孙二人听了想想也是，索性两人都下来牵着驴儿走。

途中又遇上一群年轻小伙子，青年人指着两人打趣："你们两个傻瓜，有驴不骑，真是笑话。"祖孙二人听了觉得也有道理。

但是，他们现在的处境很困难：爷爷骑驴有人说话，孙儿骑驴有人指责，两人都骑驴有人非议，两人都不骑又有人取笑，所有的选择似乎都不妥当，剩下的唯一选择就是两个人抬着驴儿走。他们也这么做了。结果在经过一座独木桥时，祖孙二人不小心将驴儿掉在沟里摔死了。

其实，祖孙二人的悲剧是完全可以避免的，然而它却不幸地发生了。这完全是因为他们都抱着一种唯美主义的心理，希望能够让所有的人都满意，希望所有的人都能够对自己的做法大加赞扬，而一旦有人出来指责自己的行为，他们马上就停止了自己的做法。最后，他们始终无法让所有的人都满意，而自己只能面对一个被摔死的命运。

唐·珂德是一家出版社的翻译，他翻译的作品很受欢迎；他的心肠也

很善良，生怕伤害了别人，让别人不满意。

他的女秘书爱上了他，但他已有妻子，并相处得不错。面对女秘书如火的热情，他无法拒绝，终于接受了她的爱。其实，连他自己也搞不清楚更爱谁，他既不愿伤女秘书的心，又想维持自己的家庭，让妻子满意。

他的老同学翻译水平不高，总想求他代为译稿，他也不忍心拒绝，只好加班帮忙；还有每天早上邻居约他一起跑步，他也不能不陪同做伴……

就这样忙得他不得不经常在深夜或凌晨从这个家跑向另一个家。就这样，他的生活变成了一场不会结束的马拉松长跑，没完没了，晕头转向，他只觉得好累好累……

一个没有主见的人注定要背上沉重的包袱，他总是在做事情之前就想着别人会怎么看自己，怎么说自己，让自己永远生活在别人的目光之下，这就使自己陷入了左右为难、走投无路的困境，变得里外不是人。

不要说你固有的缺点不足会招致种种非议，即使你出类拔萃，在某一方面取得成功，也会感到伴随自己的不完全是赞扬声，还有挖苦、嫉妒、心口不一的倒彩甚至落井下石。

有一个才华出众的女孩说，她的成功不仅没有给她带来喜悦，反而带来了许多的烦恼。又因为女孩子都有很强的自尊心，而又掺杂着虚荣心和自卑感，这就使她们不断地审视自己，比较别人，寻求心理上的平衡。她说自己的成功让很多同龄人深感不安。尽管她想方设法尽量掩饰自己的喜悦与兴奋；尽管她在同伴面前不敢提及自己的成绩和荣耀，可是她还是感到她和同伴之间产生了隔阂，拉开了距离，这使她的心头涌起一种孤寂、失落的感觉。

显然，成功对她们来说是另外一种苦难。有一个刚出名的歌坛明星说：成功后，我小心翼翼，夹着尾巴做人，唯恐被别人误解，唯恐刺伤什么人的自尊，唯恐引起别人的种种议论……这一连串的"唯恐"，就是内在的危险、无形的牢笼，就会使一个人谨小慎微。

世界何其大！同一件事物，一个人一个看法，一个人一个做法，仁者见仁，智者见智，若千方百计地去迎合根本就不可能统一的口味，去讨好所有人的眼光，最后只能让自己进退两难，丧失了本应属于自己的个性和成功。

 # 幸福其实与财富无关

　　每个人都有自己的感觉，幸福是一种感觉，痛苦也是一种感。每个人都在寻找着幸福，很多人都认为拥有大量的财富就是幸福。其实，你生活的幸福与否，并不在于你拥有多少财富，而在于你拥有什么样的思想和观念。

　　一个富翁在冬日的暖阳中散步，碰到一个流浪汉在墙根处晒太阳，他问流浪汉："你为什么不去工作？"

　　流浪汉答："为什么要工作？"

　　"你可以挣钱呀！"

　　"挣钱做什么？"

　　"挣钱可以住大房子，可以享受美味佳肴，可以和一家人享受天伦之乐。"

　　"然后呢？"

　　"可以自由自在地晒太阳。"

　　"难道我现在没有在晒太阳吗？"

　　在富翁的眼里，幸福的程度取决于金钱的多少，而在那位流浪汉的眼中，能够晒晒太阳享受阳光的温暖就是一件非常幸福的事情，不同的人群拥有不同的幸福观，然而，在特定条件下，幸福其实与金钱的多少无关。

　　有一位拥有亿万家产的年轻总裁说："我成了一个挣钱的机器，单调枯燥不停地转动，每天面临的都是一场战斗。说实在的，每天辛辛苦苦也没什么意思，我们也享受不了什么，金钱对于我来说，只是一种责任，即维持现有水平和如何赚更多的钱……"

　　这位总裁不会唱歌不会跳舞，更不会打保龄球台球；他的妻子和儿子

定居在美国，每年只在暑假回来一次，三口之家才得以团聚。他的妻子说他是个冷血动物，因为很多为人夫为人父应该给予的，他都给予不了。他每天都在想着如何才可以赚更多的钱。"幸福"这个词他是没有时间去体会的，虽然有时他也觉得自己拥有那么多财富，却无法享受到真正的幸福，甚至在某些方面还不如穷人，可也只能如此，因为既然自己是台机器，就得不停地运转才行。

三百年前，被康熙誉为"天下第一廉吏"的两江总督于成龙，为官二十载每次升迁离任时，只用坛子装些当地的泥土留作纪念，每日粗米旧衣，形如樵夫，不贪不占不巧取，戒奢戒骄戒招摇。这与"三年清知府，十万雪花银"那种腐败的封建社会官场，形成了鲜明对照。他的品德为人所称颂，使当时江宁一带一改奢靡之风，以至在其病逝二十年后，康熙再下江南时，当地百姓仍念念不忘他的清廉之名。

与此相反的是西方有一个寓言故事：

一个拥有无数钱财的吝啬鬼去牧师那儿乞求祝福，牧师让他站在窗前，让他看外面的街上问他看到了什么，他回答道："人们。"

牧师又把一面镜子放在他面前，问他看到了什么，他回答道："我自己。"

窗户和镜子都是玻璃做的，但镜子上镀了一层银子。单纯的玻璃让我们能看到别人，而镀上银子的玻璃都只能让我们看到自己。

我们的眼睛常常被金钱所蒙蔽，只看到自己而看不到别人。这样的人能够拥有真正的幸福吗？

在一般人的眼里，总认为金钱越多的人越幸福金钱越少的人越悲哀。诚然，幸福需要物质保证，但更重要的是要有精神支柱；精神支柱是人整个生命的"心脏"，倘若没有它来支撑，再多的金钱也只不过是一堆纸罢了。金钱并不是幸福的源泉，幸福也不会是金钱的产物。只有以崇高的精神和勤劳的双手为基础，才能建造起人生真正的幸福大厦。

总而言之，金钱并不等于幸福，真正的幸福是由心而生的一种感觉，它与金钱没有任何关系。

 # 任何时候都要对自己好一点

世界上的任何事物都没办法逃离命运，没有办法逃离命中注定的终点站。云朵飘得再自由自在，终究要化为雨水落入凡世；戏剧演得再动人，到了最后还是会落幕；花朵开得再灿烂，枯萎在所难免；而人活得再骄傲，始终要离开这个烦嚣尘世。终点站就在那里，你看不到，你感觉不到，然而有一天它还是会悄然来到你的身边。无论你多么措手不及，无论你再如何苦苦哀求，无论你如何不舍，都无济于事。人只是生命中的一个匆匆过客，当你走到最后你会发现你什么都不是，你所拥有的只是这数十年间的记忆所及的往事和由这些事情所带来的心情感受。好好经历发生在你身边的事情，不管是悲是喜，那都将是你唯一的财富。好好享受你看到的、听到的所有东西，不论是美妙还是低俗，那将是你所有的感知。

看着你前方的道路，想象一下明天就是你的终点站，你在离开那一刹那拥有了怎样的心情，拥有什么回忆，那么你就会明白在任何时候都要对自己好一点。只有这样，你才能时刻拥有一个积极的目标，有一个良好的心态，才能更好地去面对生活中的纷纭种种。

（1）鼓励自己

当事情变得很困难或者你陷入某种困境时，鼓励是一种很棒的给你改善的方式。但是，鼓励一定要由别人给你吗？其实，我们应该时刻拥有足够的积极的信念来支撑我们渡过难关。

（2）学会原谅

原谅不总是那么容易的。学会原谅就要先学会原谅自己。所以，如果我们没有那个权力，我们只"注定"去原谅别人的。原谅自己是一种进步。原谅别人也是一种宽容。

(3) 学会给予

给予是一种友善的行为，无论是物质、时间或者精力上的给予。你对自己慷慨吗？必要的时候，享受一些自己喜欢的事和给自己礼物，都是非常重要的。

每一个人都需要花些时间和精力放松自己，读本书，上堂课或者和朋友喝杯咖啡。

你给予别人是为了使他们充满活力。人生需要活力。活力是打开成功之门的钥匙。而且，如果你自己没有足够的活力，你是无法给予他人的。

(4) 学会聆听

你有聆听过你自己吗？你有听见你的身体，心灵和灵魂在说什么吗？

当你累了要休息，当你身体工作过度时要吃片面包，当你不满意时要做出改变，当你需要时要寻求帮助等等，这些都很重要。这是通向成功和快乐的另一个关键。

(5) 学会包容

出于友善，一个人会创造一个空间允许另一个人去做他们自己，说出他们的感受。只要你是在处理问题时，允许你自己去感受疼痛和消极的心情有助于前进。但如果你一直被这样的情绪所覆盖，那么它们会让你落后。你可以转移心情，变的对自己有同情心，而不是自怨自艾。

13

践踏别人的幸福会
让你的幸福一起缩水

人在社会上生存，会遇到各种各样的人和事。每一个人都有自己的喜怒哀乐，也有着自己对喜怒哀乐的表达方式。但对一个懂得尊重的人来说，在遇见任何一种情况的发生时所表现出来都是沉着冷静不迁怒于人，这本身就是一种对别人幸福的尊重。践踏别人的幸福会让你自己的幸福随之一起缩水，唯有尊重才是大家共同幸福快乐的相处之道。

其实人人都会知恩图报

在现实生活中，一个懂得感恩的人，才会真正感受到人生的幸福。而一个不知感恩的人，是永远都不会满足的人，也是一个永远都不会快乐的人。他们整天只会嫉妒别人，怨天怨地，总认为别人的成功是靠运气得来的。

感恩之心是一种善心。心地善良的人，就算遇上灾难，也会逢凶化吉的。

两个天使来到了一个富有的家庭借宿。可是这家人却在冰冷的地下室给他们找了一个角落让他们睡。当他们铺床时，年长的天使发现墙上有一个洞，就顺手把它修补好了。

第二晚，两人又到了一个穷人家来借宿。主人夫妇俩对他们非常热情，把仅有的一点食物拿出来款待客人，然后又把自己睡的床铺让给了两个天使，好让他们睡得更舒服一些。

可是第二天一早，年轻的天使发现农夫和他的妻子在哭泣，原来，他们唯一的生活来源一头奶牛死了。年轻的天使非常愤怒，质问年长的天使为什么这样做，第一个家庭那么富有，你还帮助他们修补墙洞，第二个家庭如此贫穷，可你却没有阻止奶牛死亡。

年长的天使答道："有些事并不像你想象的那样。当我们在地下室过夜时，我从墙洞里面看到墙里面堆满了金块。可是这家的主人不行善，所以我就把墙洞填上了，让他们无法发现。昨天晚上，死亡之神来召唤农夫的妻子，可是这家人是那样的好心，所以我让奶牛代替了她。"

在这个故事中，年长的天使以自己的方式报答了穷人的善良，惩罚了富人的贪婪。有所失就有所得，穷人失去了奶牛却换得农夫妻子的性命，这是因为他们的善良感动了天使，所以天使才让奶牛代替农夫的妻子去死的。原来，天使也懂得知恩图报。

在历史上，许多知恩图报的故事被人们传颂了下来。其实，很多重大的事件都是从极小的疏漏开始的。千里之堤，溃于蚁穴，星星之火可以燎原，只有从细微处入手才可能做到万无一失。比如，作为管理者，要经常注意下属的情绪变化，对他人施恩并不在于大小，感人之效却可以惊天动地。

《战国策·中山》中记载了这么一个故事：

中山君宴请都士大夫，司马子期也是其中一个。席间，司马子期因为没有尝到一道名叫羊羹的菜而羞愤难忍，便跑到楚国劝说楚昭王攻打中山。

中山国灭亡时，只有两个人还持戈跟随着中山王。

中山君问他们："事到如今，你们为什么还跟随着我呢？"

两人答道："我们的父亲在快要饿死的时候，是您施与了一盒饭给他。"

后来，父亲临终时对我们兄弟说：" '中山国将来有祸事，你们一定要为之赴汤蹈火！' 所以我们今日不惜以死来报答您。"

中山君听到这儿，仰天长叹一声，极为感慨地说："看来，给予别人，不在乎多少，却在于其适逢为难。和别人结怨，也不在于事情大小，而在于各人的自尊。一道菜可以使一个国家灭亡，一盒饭却使人赴汤蹈火……"

"受人滴水之恩，当思涌泉之报"，这便是中国人的传统美德。中国民间传说《白蛇传》更是把这种美德演绎得神乎其神，但事实上动物界也确有这种报恩行为，记得报刊上也曾不止一次地报道过有人救助动物，而动物反救人类或者届时回访的现象。由此看来，动物尚且懂得知恩图报，更何况人呢？

有一个关于刘备的故事。刘备在私塾读书时，由于既讲义气又聪明，成了同学中的头，他经常帮助其他同学，与他们的关系处得非常好。后来长大了，大家都各做各的事情去了，刘备和这些要好的同学也各奔东西了。

可是，大家虽然分开了，刘备却经常和同学保持着联系。其中有一位叫石全的人，是刘备最合得来的朋友，他读书后，仍回家继续供奉自己的老母亲，以尽孝道，靠打柴写字卖花为生。刘备并不嫌弃其清贫，经常请石全到他家来做客，并适当给以周济，这样的聚会每次都很成功，刘备与石全的关系也在不断地加强，情同手足。

后来，刘备带了一支队伍参加了东汉末年的大混战。当时，刘备由于军事实力很小，所以不得不依附他人。在一次交战中，刘备所带的军队被全部歼灭，只有他一人逃脱，被石全给隐藏了起来，逃过了一劫。

由此看来，人人都懂得感恩，人人都有报恩的心情。然而锦上添花永远不如雪中送炭，所以授人以恩必须在别人最需要的时候，才是最能打动人的。

心存感恩，知足惜福，人与人、人与自然、人与社会才会变得更加和谐。心存感恩的人，才能收获更多的人生幸福和生活快乐，才能摈弃没有意义的怨天尤人。感恩是一种处世哲学，是一种生活态度。感恩是一种歌唱生活的方式，他来自对生活的爱和希望。一个懂得感恩并且能够知恩图报的人，才是世界上最富有的人。

 # 爱能支撑起生命的美丽

　　曾经看过一个小说，讲的是第一次世界大战时期发生在欧洲战场上的一个故事。当时，德法二国交战，战况激烈，双方都死伤惨重。

　　清点死伤的士兵时，由于医护人员不足，只能先抢救那些尚有一息痊愈希望的伤患者，对于那些伤势过重，根本不可能有生还机会的士兵就只有放弃了。

　　有一位法国士兵，伤得极重，奄奄一息，不能说话，也无法动弹，军医检查了一下他的伤口，摇摇头说："伤得太重了，恐怕活不到明天早上！"

　　说罢，就丢下他，转身巡视其他伤兵。

　　然而，这个法国士兵大吃一惊，内心十分焦灼惶恐，他在不断地在心里呐喊说："救救我，我还不想死……"

　　只不过，他伤得实在太重了，发不出任何声音来阻止他们，只有眼睁睁地看着他们离去，心中充满悲哀绝望。

　　夜，越来越深，他感到死神在一步步地向自己逼近，他害怕极了：啊！他不想死啊！他还有美丽的妻子，初生的婴儿，他们需要他！

　　他的眼皮越来越沉重，不断地往下垂。他知道如果一昏迷，也许就会永远也醒不过来了，永远也回不到自己的家乡，见不到自己的妻儿了。

　　为了保持清醒，他强迫自己回想以往那些美好的日子。

　　他想起了十七岁第一次见到了她时，她金黄色的头发在阳光下闪闪发光，一双清澈的大眼睛比夏日的晴空还要明亮，他爱上了她。他们第一次约会，第一次拥吻……可爱的她终于接受了他的求婚。他欣喜若狂，恨不能将这个好消息告诉全世界的人。

婚后没有多久，他们就有了自己的宝宝。抱着初生的婴儿，他有着为人父老的骄傲，他默默告诉自己，一定要好好栽培儿子，让他接受最好的教育，顺顺利利地长大……

可是，此刻他却无助地躺在战场上。天啊！他不能死啊！他不能让美丽的妻子年纪轻轻就做了寡妇，他不能让尚在襁褓中的稚子成了无父的孤儿。

夜色渐渐退去，天亮了，医护人员再一次巡视战场，发现他一息尚存，大感惊讶地说："这个人原来已经没救了，居然还能撑到现在，真是奇迹！"

他们把他抬回后方，在细心的照料下，这个法国士兵终于恢复健康，回到他日夜思念的故乡，回到他妻儿的怀抱。

这个故事深深地打动了一位生病的朋友，让他明白，支持我们活下去最大的力量就是爱啊！

一个病人卧床多年，身心遭受磨难的人实非外人所能想象，特别是几次濒临死亡的边缘，连医生都已经摇头叹息，可是他一想到年迈的双亲，他就觉得自己不能丢下他们不管，怎么忍心让白发人送黑发人。

他心中在太多的不舍，对于这块土地，他眷恋日深，还有很多事想做……每次想到这些，求生的欲望油然而生，一次又一次，这位打败了死神，转危为安的人，人们都以为是奇迹，他却说不是——是因为爱！

一个年轻人在一次车祸中大脑严重受伤，成为一个毫无感官知觉的植物人，医生只能用药物让其苟延残喘，而他的新婚妻子面对着别人让她离开他的善意的劝说总是坚决地摇头，她相信，她的爱人一定会醒来！她就这样年复一年地守着他，天天在他耳边呼唤着他的名字，抚摸着他。十年！十年后的一天当她依然如同往常一样拉着他的手喊着名字的时候，一个细微的颤抖触动了她的手，她清楚地看到她的爱人双眼中流出的泪已经湿了面颊！他醒了！这个让所有人都已经失去信心的、弃之不惜的植物人在她十年如一日的守护下重新醒了过来！爱，让生命超越了生死！

在我们的生命中，有多少值得我们用心去爱的人，有多少牵挂与不舍，尽管在人生的道路上有那么多磨难与不幸，但是因为有爱伴随，我们都会好好地活着，活出生命的美丽来！相信爱能创造奇迹！

 # 把"爱"给他人一点点

很多年以前，有一对夫妇因为贫穷而在感恩节那天大吵起来，这种情景让站在一旁的儿子感到孤独无助。就在这时，一位满面笑容的男人敲响了他家的大门，他手里提着一个大篮子，里头装满了各种各样的过节食物。那人说："这份东西是别人让我送来的，他希望你们知道还有人在关怀和爱着你们。"这情景让男孩深受感动，他暗暗发誓：长大后也要以同样的方法去帮助需要帮助的人。

男孩在18岁那年，终于可以养活自己了。虽然他并没有赚来很多钱，可是在这年的感恩节，他还是用自己的钱买了不少的食物，装作一个送货员，把这些食物送给一个很穷的家庭。当他走进那个破落的房子时，前来开门的妇女警惕地盯着他。他对那位妇女说："我是受人之托来送货的，请你收下这些东西吧。"那妇女语无伦次地说："你是上帝派来的使者！"男孩忙说："不，不，是一个朋友托我送的，祝你们快乐！"说完他把一张字条交给了这位妇女。字条上写着："我是你们的一个朋友，愿你们能过个快乐的节日，也希望你们有能力，请同样把这样的礼物送给其他需要帮助的人。"

这个年轻人怀着一个美好的心愿生活着、奋斗着，终于成为影响了许多美国人心灵的大师。他的名字叫罗宾。

罗宾把自己的爱心，用这种独特的方式送给了需要帮助的人，他的善良感动了一个又一个穷困的家庭，也深深打动了处于无助境地的人们。正是因为这一点，他才成为影响美国人心灵的大师。

其实，外国人如此，在中国字个讲究"人情"的泱泱大国之中，善良而情感丰富的中国人更是将爱发挥到了极致。

在河北省枣强县有一名普普通通的农民，她的名字叫林秀贞，她有着农村人特有的朴实与善良，30年如一日，克服了种种困难，赡养了6位老人，把他们当着自己的亲生父母一样照顾着，用自己的热心去温暖老人们孤独的心，去温暖冷漠的世道，让一村之中，老有所终，幼有所长。她对老人们的关爱像潺潺流水般滋润着每个人的心。这种关爱是用耐心与善良铸起的。

有一位深圳义工，他的名字叫丛飞，作为业余歌手的他，在自己收入并不稳定的条件下资助了十几位贫困孩子，解决了他们的上学难题，在用自己的歌声为别人带去欢乐的同时，也为贫困的乡村孩子们带去关爱之情。他短暂的一生是伟大的，他用自己的言行诠释了一位普通的社会成员生存的价值与意义。

巴金在他的著名散文《灯》中讲过，一个出门求死的朋友因为陌生人一句"人不能光靠吃米活着"而勇敢地活了下来；美国的布里居丝到处散发自己制作的蓝色绸带，呼吁人们关爱他人，一位父亲将这代表关爱的绸带送给了自己的儿子，却正好挽救了自以为不优秀而欲自杀的儿子，一条简单的绸带竟能让一个准备求死的青年重燃希望之火。由此可见，关爱有时候只是一句话，但这句话竟然可以奇迹般地延伸生命的宽度，拓宽快乐与希望的面积。

关爱是一种没有功利性的善良之举。正如孔子所说的："君子喻于义，小人喻于利。"高尚的人，在关爱别人的同时是不会考虑是否会使自己获利的。假如每个人都有这种想法，那么就会意识到：**关爱别人就是关爱自己，在帮助别人的同时，自己也会收获快乐。**

其实，在我们的生活中，多多少少都得到过别人的帮助，接受过他人的恩惠，可是我们的心中是否因此而多了一些感恩呢？当我们以感恩的心去生活时节，就会在困难的环境中看到生命的绿洲，从而怀着更多的希望面对未来。感恩之心还是一颗美好的种子，假如我们不光懂得收藏还懂得播种，那么我们就能给他人带来爱和希望，并因此挽救他们，或是改变他们的内心世界。

"只要人人都献出一点爱，世界将变成美好的人间。"我们每个人都要努力去爱自己，把"爱"给他人一点点，那么世界会因为你、我而变得更加美好。

# 爱也要有自己的空间

在现实中，每个人都会遇到不尽如人意的事情，很多情况下都难免会有害怕失去的心情。

这个时候，我们就应该以宽容的态度来看待眼前的事物，学会让自己能够放手。

放手不意味着真正的放弃，更不能说明我们的选择就以失败告终，它只是我们的一种选择，是我们生命中一个新的起点，尽管放手并不是一件很容易的事情。学会放手，比学会坚持更难，因为它需要我们付出更多的勇气和毅力。

在爱情和婚姻之中，尤其要学会放手。

因为爱一个人，并不是要抓紧他的人，而是要留住他的心。然而，太多的束缚和苛责却不能实现这个目标，那只会让爱变成一潭死水，更不会让所爱的人拥有快乐。而当你学会了放手，就学会了给爱人一个广阔的天地，在那里，两个相爱的人才会更加珍惜拥有的一切，自然才会更加快乐地生活在一起。

有个故事，说明的就是这个道理：

有一个女人非常爱自己的伴侣，时时刻刻都怕失去了他，自然也就无时无刻不想着如何将他留在自己的身边。这种令她的伴侣很不开心，因为太多的束缚，人就不能拥有自己的自由了。

于是，伴侣提出了分手，这个结果让女人陷入绝望之中，女人来到海边想要结束自己的生命，却在那里遇到了一位智者。

女人便把自己的故事告诉了他。那位智者并没有说什么，只是从沙滩上抓起了一把沙子，然后紧紧一握，结果沙子纷纷从他的手指缝中漏了出

来，而且握得越紧，沙子就漏出得越多。智者看着那个女人，告诉她这就是她的爱情。女人马上明白了过来：原来爱情也和手中的沙子一样，你握得越紧，你就越容易失去它。

这就是在爱情中为什么也需要放手的原因了。不论我们想拥有怎样天长地久的爱，都一定要懂得学会让爱情拥有一个自己的天地。爱人也是人，而人总是不能缺少一个自由的感觉，过多的束缚只会让爱越走越远。人人都需要爱情，但却没有人愿意成为爱情的奴隶，给爱人自由，其实也是在给自己寻找一种自由的空气。

一个卷入婚外恋多年的女子，迟迟不能走出这个其实对她来说已经是苦远远多于甜的关系。她说："我忘不了那些他曾经给过我的浪漫、深刻的爱的感觉。"

另一个女人的男朋友感情出轨多次，尽管痛苦她却始终不愿分手，她说："和他在一起这么多年了，要分手，我不甘心！"

其实，当爱不在的时候，放弃和放手都是最好的选择。因为无法忘却曾经有过的美好，无法相信现实，而让更多的痛苦压在自己的肩上、心上；让自己和对方都陷入痛苦的深渊，究竟谁惩罚了谁还是个未知数，但是自己绝对是那个受伤最重的一个。因为你剥夺了自己重新享受快乐和幸福的权利。

放爱一条生路，这并不是一件容易做到的事情。然而，这却是唯一的良药。否则，我们就会处在无休止的痛苦、气愤和沮丧之中。

所谓放弃和放手的艺术，并不单只在爱情消逝的时候适用。事实上，当爱情还在的时候，就懂得放手的道理，给彼此一个适度的空间，往往是拥有幸福生活的更积极的方法。

从小到大，在每一段关系里，我们都是在寻找着一方面与人连接、一方面与自己连接的双向路线。也就是说尽管再亲密，我们也需要拥有自己的空间。如果失去了这样的空间，我们很快就会觉得被束缚，觉得窒息，觉得痛苦。

因此，当爱还在的时候，懂得适当放手，给爱一个空间，就是一件很重要的事情。其实，如果仔细而深入地思考一下，如果我们在爱时仅仅要求双方粘在一起，往往是因为害怕、因为缺乏安全感、因为嫉妒、因为要把自己生命的责任和重量交在对方身上，而不是因为爱，责任是彼此自觉承担的而不强加于对方的。

在应该放手的时候放手，给爱一个属于自己的空间，就像纪伯伦在《先知》中所说的："在你们的密切结合之中保留些空间吧，好让天堂的风在你们之间舞蹈。彼此相爱，却不要使爱成为枷锁，让它就像在你们俩灵魂之间自由流动的海水。"相信，当爱拥有了自己的自由时，才会飞得更高更远。

# 尊重别人就是尊重自己

我们每个人都希望得到别人的尊重。但获得别人尊重的前提就是得先尊重别人。其实对他人恭敬，就是庄严自己。就像我们常说的那句话："尊重别人就是尊重自己。"一个不懂得尊重别人的人，自己也永远得不到别人的尊重。

人在社会上生存，会遇到各种各样的人和事。每一个人都有自己的喜怒哀乐，也有着自己对喜怒哀乐的表达方式。但对一个懂得尊重的人来说，在遇见任何一种情况的发生时所表现出来都是沉着冷静不迁怒于人，不迁怒于别人本身就是一种对人的尊重。虽然，尊重是相互的。但你不要奢求别人首先对你尊重。你只要首先尊重了别人，你就会在无形中感动对方，从而也会赢得他对你的尊重。

从前有这样一个故事：晏子出使楚国时，楚国人看晏子身材矮小，故意不开大门，只开旁边的小门让他进城。晏子知道楚国人故意侮辱他，便不肯进去，说："出使到狗国才开狗门。今天我是到楚国，不应该走这个门。"带路的人才开大门让他进去。等见了楚王，楚王便故意讥笑他说："齐国难道没有人才吗？为什么会遣你来？"晏子回答说："齐国的国都很大，人民多到张开袖子便足以乘凉，流汗便像下雨，怎么会没有人才？"楚王又问："那为什么派你来？"晏子回答："齐国派任大使，是看情形而定的。贤能的人出使君主贤明的国家，不贤能的人出使君主不贤明的国家；我是所有外交使节中最没有才干的人，所以被派到楚国来了。"

在这个故事中，晏子以他举世无双的口才，反击楚王不友善的嘲讽，这不但为自己出了一口气，也为自己的国家争了光，他真可以算得上是历史上伟大的外交官。这个故事也告诉我们：尊重他人，是一个人应该具有

的最基本的素质，接待客人殷勤有礼，是每个人不可缺少的一种品德，如果像楚王一样自以为是、言语尖酸刻薄，到头来只会落得讥笑别人不成，反而会自取其辱的结局。

在现代礼仪中，平等原则是基础，是最重要的。所谓平等就是指以礼貌待人，礼尚往来，既不盛气凌人，也不卑躬屈膝。从心理学的角度看，人都有友爱和受人尊重的心理要求。人人都渴望平等，成为家庭和社会中真正的一员。任何抬高和贬低自己的语言和行为，都不利于建立和谐的人际关系。

有一次，萧伯纳在莫斯科街头散步时见到一个非常可爱的小女孩。他和这个小女孩儿玩了很久，分手时对小女孩说："回去告诉你的妈妈，你今天和伟大的萧伯纳一起玩了。"小女孩儿也学着大人的口气说："回去告诉你的妈妈，你今天和苏联女孩儿安妮娜一起玩了。"萧伯纳立刻意识到自己的傲慢，并向小女孩儿道歉。后来，萧伯纳每次回想起这件事，都感慨万千。他说："一个人无论有多么大的成就，对任何人都应该平等相待，应该永远谦虚。"

小女孩话深深地触动了这位大文豪的心，他开始意识到了自己的错误，面对任何人都要有谦虚恭敬之心，因为你在对别人恭敬的时候，才会庄严了自己。而当你摆出了一幅高傲的架子时，别人也会用同样的方法来回敬你。萧伯纳向女孩诚恳地道歉了，从而显示出了一代伟人的风范。

有一回，大文豪斯路肯夫在公园里散步时，看到一个衣衫褴褛的乞丐躲在公园的角落，羞怯地向来往的人伸手乞讨。很多人冷漠地走开了。当斯路肯夫走到乞丐面前时，很同情他，可他伸手翻遍身上所有的口袋，却找不着钱。望着乞丐充满企盼的眼神，他很过意不去，便伸出手，握着乞丐脏兮兮的手，真诚地说："真抱歉！我今天出来没有带钱。"乞丐的眼神漾起了从未有过的满足感，他紧紧地握着斯路肯夫的手，感动地说："谢谢你不嫌弃我，这就是最大的施舍。"

乞丐并没有从斯路肯夫手中讨得一分钱，可是他却非常地感激他，这是因为在别人都冷漠地离去时，这位伟大的作家并没有表现出丝毫地嫌弃之情。正所谓黑暗中的一丝阳光足以照亮整个世界，正是这一句温暖的话深深地打动了乞丐的心，让他原本伤痕累累的心有了些许温暖的感觉。由此可见，任何人都是希望得到别人的尊重的。当你尊重别人的同时，也会赢得他人的尊重与感激。

一天，丘吉尔骑着一辆自行车在路上闲逛。这时有一位女士也骑着自行车，从另一个方向急驶而来，由于煞车不及，撞倒了丘吉尔。

这位女士恶人先开口地破口大骂："你这个糟老头会不会骑车？骑车不长眼睛吗？"

丘吉尔对她的恶言恶语并不介意，只是不断地向对方道歉："对不起！对不起！我还不太会骑车。看来你已经学会很久了，对不对？"

这位女士的气立刻消了，再仔细一看，他竟然是伟大的前首相，只好羞愧地说道："不……不……您知道吗？我是刚刚才学会的。"

丘吉尔的语言充满智慧，令人惊叹，然而更令人敬佩的是他那宽以待人的美德。他用智慧宽容了别人，也为自己赢得了一个融洽的人际环境。面对女士的破口大骂，他并没有立马反击，而是从容地向她道歉，表现出自己的尊重之心，当这位女士看到他竟然是伟大的首相时，自然羞愧不已。其实，宽容别人，尊重别人，就是宽容自己，尊重自己。

总之，尊重是一种伟大的品德。尊重别人，就是对他人恭敬。当你具有这种品德时，你就会设身处地地为他人着想，你就会更能理解别人，你就会拥有无数的朋友和无数的快乐。请记住：**尊重适合于任何场合，它从来不分高低贵贱，不分贫穷富有。只有当你尊重了别人，才会获得别人对你的尊重。**这便是"对人恭敬，就是庄严了自己"的道理。

# 爱，让心灵更快乐

我们常常会因一句真诚的问候感动不已，会为一声热心的鼓励而加倍努力；在身处困境时，会对给予自己帮助的人充满感激。然而，我们也会为一句恶意的批评而愤慨不已，会被冷漠地拒绝和无情的挖苦而伤心。聪明的人往往把关心别人当作一件快乐的事，而愚蠢的人则把"拔一毛以利天下而不为"当作处世原则，然而愚蠢的人所追求的自我享乐生活却不会遂心顺意，聪明的人无偿的付出总能使自己快乐着。

天堂中，上帝把珍馐佳肴赐给智者和愚者，而在他们每人面前放了一双很长的筷子，愚者迫不及待地拿起筷子，夹起食物，却怎么也送不到自己嘴中，而智者却不慌不忙地用筷子夹起食物送到别人的口中，而别人也用同样的方法把食物喂进智者的嘴里。这只是一个个寓言故事，然而却充分反映出愚者与智者的不同处事方式，以及带来的不同结果。智者首先想到的是他人，他最终得到的是快乐与满足，而愚者首先想到的是自己，所以，他最后将会是一无所得。

有这样一个故事，讲的是美国著名的推销员弗兰克·贝特克，使一个拒人于千里之外的老人捐出了一笔巨款。

有一次，为筹建新教会进行募捐活动的时候，有位过去曾找过当地首富却碰了一鼻子灰的人向人诉苦道："我从未见过像那老头那样不近人情的人。"

这个老富翁的独生子惨遭歹徒杀害，他发誓说要献出余生寻找仇敌，为儿子报仇。可是过很久，也没有找到一点线索。老人伤心之余，便与世间"绝缘"，不理世事。

了解到这些情况后，弗兰克自告奋勇决定要找老人试一试。

第二天早晨，弗兰克按响了那间豪宅的门铃。过了很长时间，门口才出现了一位满脸忧伤的老人。

"你是谁？"

"我是您的邻居。您肯让我跟您谈几分钟吗？"

"什么事？"

"是有关您儿子的事。"

"那你进来吧。"

"我理解您此时巨大的痛苦。我也只有一个独生子，他曾经走失过，我们两天多没有找到他，我能想象得到您有多么的悲伤。我知道您非常爱您的儿子。我深切同情您的遭遇。为了让我们都记住您的儿子，所以我想请您以您儿子的名义，为我们新建的教会捐赠美丽的彩色玻璃窗，上面会刻上您儿子的名字，不知你……"

听了弗兰克恭敬的话语，老人似乎有些心动，反问道："做窗户大约需要多少钱？"

"到底需要多少，我也说不清楚，您只要捐赠您愿意捐赠的数量就可以了。"

过了一会儿，在老富翁的陪同下弗兰克怀揣5000美金的支票走出豪宅，这在当时是一笔惊人的数额。

为什么别人都碰了钉子，而弗兰克偏偏就能如愿以偿呢？

弗兰克是这么表述的："我去找那位老人，并不是为了贪图得到巨额赞助，而是为了使那位孤独的老人重新回到人们中间。所以，我就跟他谈论他心爱的儿子，用儿子的爱唤醒了他的心。"

其实，当别人遭遇不幸时，也许我们并不能帮上什么大忙，但是几句关心的话却可以温暖人心，自己也能够从中得到快乐，我们又何乐而不为呢？

14

幸福就是生活现在的模样

　　人是喜欢做梦的动物，总是想入非非地为自己虚构一些理想化的情节。然后耗其一生的精力去追求。敦不知，眼前的风景才是最美丽的，自己拥有的才是最好的。常言道：这山望着那山高，到了那山更糟糕。其实，你认为最好的生活也未必适合你。请告诉自己：自己现在的生活就是幸福最真实的模样。当你这样想的时候，你会感到心理平衡，你会体会到当下生活中未曾体验过的新奇美好。

已经拥有的就是最好的

人是喜欢做梦的动物，他们总是想入非非地为自己虚构一些浪漫的情节。然后耗其一生的精力去追求。殊不知，眼前的风景才是最美丽的，自己拥有的才是最好的。

很多时候，人总是看不到自己拥有的幸福。

隔壁的小两口又在吵架了。

男的说：没见过像你这样蛮不讲理的女人。女也不甘示弱：

我也没见过像你这样粗鲁蛮横的男人。男的又说：你看看人家方方妈，多温柔体贴，多会操持家务，哪像你整天就只知道逛街花钱；女的反唇相讥：还好意思说，你也不看看晓晓他爸，人家上两个班，还经常写字画画发表文章赚外快，哪像你就知道喝酒聊天瞎胡吹！

俗话说的好："老婆是人家的好，孩子是自家的亲。"

在现实生活中有太多这样的情况。想想当初，那个作为选择的人不是你吗？那个他（她）不是你最为理想的选择吗？若不然你又何必与他（她）结婚呢？两个人经过一段婚姻生活后，婚前的新鲜感已荡然无存，对方的缺点也暴露无遗，这时就会生出许多抱怨来：真不知道我当初是怎么看上你的……

人们常说：没有得到的，就是最好的。很多人也抱着这种心理，他们往往对"失去"的那位加以美化，而把自己身边的这位与"失去"的那位作对比，就会发现身边的这位一无是处，怎么看都不顺眼，而"失去"的那位却完美无缺犹如神仙一般。其实，那完全是人的心理作用，人总是沉醉于自己的幻梦之中。当梦醒的时候，才会发现眼前的才是最好的。

有一个年轻人曾经与一少女相恋多年，那少女活泼、开朗、能歌善舞，是个人见人爱的"黑牡丹"。后来，"黑牡丹"远嫁他乡，而这年轻人也早已为人夫、为人父。只是他觉得妻子这也不顺眼，那也不顺心，与自己心中的"黑牡丹"简直不能同日而语。他的妻子为此常常黯然神伤。后来，索性放开他，让他去异乡看望他的梦中情人。他在三天两夜的火车上，设计种种重逢的浪漫。

当他满怀憧憬地敲开了"黑牡丹"的家门时，开门的竟然是一个腰围大于臀围的黑胖夫人。这就是令他魂牵梦萦的、朝思暮想的"黑牡丹"！

他回到家后，竟突然发觉妻子什么都好，妻子也破涕为笑，从此，两人过得和和美美。

当这位朋友见到自己日思夜想的梦中情人后，他一下子惊醒了：原来自己陶醉在了自我的想象里了。从此，他便对妻子的态度有了改观，看到她什么都好。人总是追求一些不切实际的东西，到头来才发现自己所拥有的便是最好的，而自己却从来无视于它的存在！

记得一个关于苹果的故事：

上帝拿出两个苹果，让一男子挑选。这男子权衡再三，终于选了自己认为最好的一个。上帝含笑赐予，他接过后转身离去。突然，却反悔想调换成另一个，回头却发现上帝不见了，他只得耿耿于怀过了一生。于是，上帝叹道："人啊，总是期待那些未到手的，而不好好珍惜手中所有，怎么可能获得幸福呢？"

上帝一句话道出一世间的真理。常言道：这山望着那山高，到了那山更糟糕。其实，你认为最好的也未必适合你，现实生活中这类事例比比皆是。请告诉自己：自己的爱人就是世界上最完美的伴侣。当你这样做的时候，你会感到心理平衡，你才会拥有一个更加快乐、幸福的人生。

# 完美是幸福的反面

很多人都在追求完美，其实世界上根本就没有完美的东西。"完美"永远只存在于我们的幻想里，太过执著地追求完美，只会给自己带来无尽的痛苦。

一个有洁癖的女孩，她去餐馆吃饭，因为怕有细菌，竟自备酒精消毒桌面，用棉花细细地擦拭，唯恐有遗漏。

难道她不知道人体表面都充斥着细菌，比如她自己的手，可能就比桌面还脏吗？

一个孩子犯了一个错，母亲不断地指责，因为她要孩子以后不再犯错误。

这时孩子拿出一张白纸，并且在白纸上画了一个黑点，问："妈妈你在这张纸上看到什么？"

"我看到这张纸脏了，它有一个黑点。"母亲说。

"可是它大部分还是白的啊！妈妈，你真是个不完美的人，因为你只会注意不完美的部分。"孩子天真地说。

有一位极有正义感的人，他痛恨不义之人，一直很想杀光世界上的坏蛋，好让世界完美起来。

有一天他突然接到一封上帝的来信，上帝说这位先生也是个坏蛋，因为他的心中从来就没有爱。

追求完美本来是一件好事，如太过追求完美，就会形成这样一种情景：譬如一件事情没有做到自己满意的地步，那么必定是吃不好，也睡不好，总觉得心里有个疙瘩。什么事情都会有个度，就像水到了100℃就会沸腾，低于0℃就会结冰一样，追求完美超过了一定的度，就会变得不完

美。做任何事情都要学会适可而止，如果不能达到想象中的完美就誓不罢休，那也只会是自己为难自己了，长久下去，心里就有可能系上解不开的疙瘩，而且这疙瘩会系得越来越大，会系得越来越死。我们常说的心理疾病，往往就是这样不知不觉出现的。这是因为我们的心理像是一根树枝，即使再坚硬，也会渐渐承受不了我们自己找上门来越来越沉重的负担。

完美是一个漂亮的陷阱，将我们陷进里面的泥塘，我们却以为是席梦思软床。我们就这样身不由己地跌进完美的误区里，只是这种误区常常有一个华丽的外表，并且以良好的状态开始作为引导，然后被日后的逞强、虚荣所代替，心理上渐渐地磨出了老茧，而自己浑然不知。

"心病还须心药治，解铃还需系铃人"。很多人都以为完美便是幸福，其实完美是幸福的反面。追求完美并不一定能给自己带来幸福，而且超过了一定的度，还会给自己带来痛苦与灾难！那么，我们到底应该如何避免追求完美给自己带来的不利影响呢？

（1）必须找到问题的根源，即做事情过于追求完美，吹毛求疵。为了从99.9％跨越到理想中的100％，而为最终的那0.1％付出多出正常标准很多倍的时间、精力等资源。但是那0.1％是最难获得的，我们根本没有必要去强求它。

（2）坚持正常的学习和工作，使生活节律紧凑有序，同时培养广泛的兴趣爱好，通过社交及文体活动，分散和转移对莫须有的完美的关注。

（3）我们必须清醒的明白这个世界没有十全十美的事物，要保持一颗平常心并知足者常乐，才是完美的心境。

# 天使就是你身边的人

爱，在我们成长的道路上是必不可少的。每个人都渴望着人性的温暖，每个人都在努力寻找着生命中的爱。很多人费尽心机到处寻找着温暖的感觉，他们总是把目光盯着别处，殊不知原来爱就在自己的身边，原来天使就是自己身边的人。

有一个让人心酸掉泪的故事。

曾经有一个小女孩，她妈妈病倒了，头发全掉光了。

小女孩给妈妈买药时路过一家商店，她看见橱窗里摆着一款漂亮的黄颜色假发，心想：如果我把它作为生日礼物送给妈妈，那该有多好啊！

于是，这小女孩就溜进商店里，找到那个大胡子老板，问："叔叔，请问这顶假发多少钱？"大胡子老板回答道："孩子，这顶假发卖10 万。"

小女孩恳求老板千万别卖掉假发，她一定会赚钱来买的。接下来的几天里，小女孩想尽一切办法来赚钱，但直到妈妈生日的前一天晚上，她才赚了4 万5。她拿着这些钱，和一条破旧的裙子，抱着试试看的心情再次来到商店。她对大胡子老板说："叔叔，我妈妈真的很需要这顶假发，她病得头发都掉光了。"大胡子老板沉吟了一会儿，遗憾地说："真抱歉，假发已经卖出去了。"女孩一言不发地回了家。

第二天早晨，小女孩刚睁开眼，妈妈对她说："孩子，刚才有人送给你一个包裹。"小女孩打开包裹一看，正是那顶假发！里面还夹着一张纸条，纸条上写着：你有一颗纯洁的心。孩子，这是给你妈妈的礼物，祝你妈妈生日快乐！

　　这个故事中，小女孩是何样的善良懂事，这份礼物又是何样的富有爱心！其实，只要我们心中有爱的时候，我们就会发现天使真的就在自己的身边。这个可爱的小孩不是天使吗？她用自己幼小的心灵深爱着不幸的母亲。那个送礼物的人不是天使吗？他用自己的无私满足了一个孩子最纯洁的愿望。

　　在汶川地震中，有一位人民子弟兵被派到一个重灾区，他在一幢摇摇欲坠地居民楼前做救援工作，楼里有许多的小孩子，他正在奋不顾身的抢救中，忽然有人将他拉到了一处十分安全的地方，可是这位人民子弟兵在途中多次请求再救一个就一个！可是没有人理会，他绝望地说："我求求你们了，就让我再救一个，就一个我还能再救一个！"在他刚到安全区的时候，一阵余震来了，摇摇欲坠的房屋立刻轰然倒塌，这位战士哭了，他跪在居民楼前，每个人都为之动容。

　　这就是陌生人对陌生人的爱，这就是社会对陌生人的爱，这种爱让我们那肃然起敬。

　　曾看过一个故事，看完之后潸然泪下，觉得母爱是世界上最伟大的爱，普天之下，没有比母爱更纯粹更无私的了。

　　有一个疯女人，生下一个儿子后失踪了。等她再回来时，她的儿子已经十岁了。当她看到儿子纯真无邪的笑容之后，竟意外地清醒了。从此以后，她不管儿子有多厌恶她，每天都会给儿子去送饭，下雨时给儿子送伞。后来，儿子上了高中，学校在离家很远的地方，她依然每个星期都风雨无阻地给儿子送生活用品。儿子如冰封冻的心正在慢慢融化。等到儿子终于意识到自己有多冷漠，想开口叫一句"妈妈"的时候，这位可怜的母亲已经永远躺在山崖底下了。她是为了给儿子摘山崖边上的桃子时，不小心摔下去的，只因为她的儿子曾经说过，他想吃桃子。省悟过来的儿子疯了一般的扑向母亲，泪如雨下。他终于明白，自己辜负了一颗多么伟大的母爱之心。

　　从故事中，我们可以感悟到疯女人对儿子的至爱。在看到儿子后，她竟然奇迹般地清醒了，这是母爱的力量。她不顾儿子的嫌恶之情，依然无私地为儿子奉献着，这确实让我们动容。她为了满足儿子一个小小的心愿，竟然付出了生命的代价，这让我们觉得母爱的无比珍贵。然而，令我们遗憾的是儿子对母爱的迟钝，当他真正地感受到母爱的温暖时，悲剧已经发生了。母亲的爱，比海还深，也许它算不上轰轰烈烈，但是它却是最为真挚的。

其实，爱就在我们的身边，社会处处都有爱，只要有困难的地方就会有爱的出现！其实，天使就是你身边的人，只要你拥有一双智慧的眼睛，并且努力地去发现。

# 专注于你所拥有的

人类的欲望总是没有止境的，他们总是"吃着碗里的，瞅着锅里的。"而很少注意到自己所拥有的。这是人的贪婪心理，总是有意无意地向往一些幻想中的美好事物，而忽略了已经到手的东西。其实，最明智的做法就是专注于你所拥有的，用热爱的心情去经营、善待自己所拥有的。

有女歌唱家仅仅30多岁就已经红得发紫，誉满全球，而且郎君如意，家庭美满。

一次她到邻国开独唱音乐会，入场券早在一年以前就被抢购一空。演出结束之后，歌唱家和丈夫、儿子从剧场里走出来的时候，一下子被观众团团围住。人们七嘴八舌地与歌唱家攀谈着，其中不乏赞美和羡慕之词。

有的人称赞歌唱家大学刚刚毕业就开始走红并进入了国家级的歌剧院，成为扮演主要角色的演员，有的人称赞歌唱家有个腰缠万贯的某大公司老板作丈夫，而膝下只有个活泼可爱、脸上总带着微笑的小男孩……

在人们议论的时候，歌唱家默默地听着。等人们把话说完以后，她才缓缓地说："我首先非常感谢大家对我和我的家人的赞美，我希望在这些方面能够和你们共享快乐。但是，你们看到的只是一个方面，还有另外的一个方面没有看到，那就是你们所夸奖这位活泼可爱、脸上总带着微笑的小男孩，不幸的是他是一个不会说话的哑巴。而且，在我的家里他还有一个姐姐，是需要长年关在装有铁窗房间里的精神分裂症患者。"

歌唱家的话使人们震惊得说不出话来，你看看我，我看看你，似乎很难接受这样的事实。

这时，歌唱家又心平气和地对人们说："这一切说明什么呢？恐怕只能说明一个道理：那就是上帝给谁的都不会太多。"

是的，上帝给谁的都不会太多，每个人都拥有自己的幸福，只是他们涣散了自己的注意力，总是把目光盯向别人，一味地羡慕别人，却忘记了欣赏一下自己所拥有的美丽。

有一位农民常年住的是漆黑的窑洞，顿顿吃的是玉米、土豆，家里最值钱的东西就是一个盛面的柜子。可他整天无忧无虑，早上唱着山歌去干活，太阳落山又唱着山歌走回家。别人问他："你整天有什么好高兴的？"

他说："我渴了有水喝，用了有饭吃，夏天住在窑洞里不用电扇，冬天热乎乎的炕头胜过暖气，日子已经无比幸福了！"

这位农民能珍惜自己所拥有的一切，从不为自己的贫困而苦恼，这也许就是他感到快乐的原因。其实，很多人所拥有的远远地超过了这位农民，可是，他们却很难注意到自己所拥有的东西，而更多的是关注与渴望一些自己还不曾到手的东西。

也许你的收入并不高，但粗茶淡饭自饱已经很不错了，绝无那些富贵病的缠扰；你的配偶或许并不出众，但他（她）能与你相亲相爱，白头到老；你的孩子虽然没有考上大学，但他（她）却懂得孝敬父母，知道自力更生……

其实，每个人都在寻求着自己所谓的幸福。而幸福原本就在我们的身边。只是由于人们过于追求物质上的富裕，太追求一种形式化的生活，而将"真正的幸福"给忽略了。

拥有是一种财富，拥有也是一种幸福。可是，很多人总是不懂得珍惜自己拥有的，总是盼望自己没有的，那又怎么可能得到真正的幸福与快乐？所以，请专注于你已经拥有的幸福吧，放下"这山望着那山高"的心理，否则只会拣了芝麻丢了西瓜，最后连自己拥有的也会在顷刻间消失。

既然无法改变，那就快乐地接受

有一位瓷器收藏爱好者，购得一只明代官窑的瓷碗，每天都要看了又看，擦了又擦。一天，他一不留神没拿住，瓷碗掉地摔得粉碎，他非常难过。从此，每天他都望着那堆瓷碗的碎片茶饭不思，人也憔悴起来。半年过去了，最终他因精力衰竭而亡。直到他咽气时，手上还紧紧地握着瓷碗碎片。

这位收藏者的心情是可以理解的，但他到了生命的最后关头也没能明白这样一个道理：覆水难收，纵使他如何悲伤也不能够使破碎的古瓷碗再恢复原样。所以，在生活中我们如果发生了类似无可挽回的事情时，就要学会接受它、适应它。

接受事实是克服挫折的第一步，即使我们不听从命运的安排，但也不能改变事实分毫，这个时候我们唯一能改变的，只有自己。

人生总是充满着未知，没有人能够知道未来会如何。如果它给我们带来了快乐，当然是很美好的，我们也很容易欣然接受。但有时候命运带给我们的会是可怕的灾难，如果我们不能学会快乐地接受，反而让灾难主宰了自己的心灵，那生活就会永远地失去阳光。

已故的布斯·塔金顿总是说："人生的任何事情，我都能忍受，只除了一样，就是瞎眼。那是我永远也无法忍受的。"

然而，在他60多岁的时候，他害怕的事情还是发生了：他的视力减退，一只眼几乎全瞎了，另一只眼也快瞎了。

塔金顿对此有什么反应呢？他自己也没想到他还能觉得非常开心，甚至还能运用他的幽默感。当那些最大的黑斑从他眼前晃过时，他却说："嘿，又是老黑斑爷爷来了，不知道今天这么好的天气，它要到哪里去？"

塔金顿完全失明后，他说："我发现我能承受我视力的丧失，就像一个人能承受别的事情一样。要是我五个感官全丧失了。我也知道我还能继续生活在我的思想里。"

为了恢复视力，塔金顿在一年之内做了12次手术。他知道自己怎么也躲不过，所以唯一能减轻他受苦的办法，就是爽爽快快地去接受它。他和其他病人住在一起，努力让大家开心。

动手术时他尽力去想自己是多么幸运：多好呀，现代科技的发展，已经能够为像人眼这么纤细的东西做手术了。

一般人如果要忍受12次以上的手术，和不见天日的生活，恐怕很快就疯掉的。可是塔金顿却从中了解到，生命所能带给他的，没有一样是他能力所不及而不能忍受的。

有一次，有位著名的禅师讲述了一个耐人寻味的小故事。

很久以前，有位施主背着一坛酒在路上走着。突然，绳子断了，坛子掉在地上摔碎了，酒撒了一地，顿时酒的香气令周围的人们都如痴如醉，有的人竟然忍不住趴在地上喝了起来。可是那位施主却从始至终都没有回过头来瞧一眼，继续向前走。

有人追过来问了："你的酒坛碎了，你怎么都不回头看看呀？"

施主说："既然已经碎了，又何必再回头呢！纵然回头，酒也不能恢复原状呀！"

禅师说："既然发生了，又是不能改变的事实，就该像这位施主一样看的开。但感情可不是破碎了就一定不能复原的啊。改变能改变的，就像感情；接受不能改变的，就像摔碎了的美酒，要潇洒的面对不能改变的。"

禅师的话让我们沉思，接受不能改变的，就像摔碎了的美酒，要潇洒地面对不能改变的。人生正是如此，当我们能够改变时，当然会竭尽所能地去改变它，而当我们无力改变时，最好的办法自然莫过于快乐地接受了，而不是痛苦地怨怪命运的不公。

每个人的生活中都会有悲伤出现。生活受挫我们悲伤，失去了爱我们悲伤，事业失败我们悲伤，至爱亲朋不幸永逝我们悲伤。悲伤与欢乐就像经线与纬线，交织着组成我们的生活。然而，悲伤并不可怕，关键在于我们如何才能从中解脱出来，并将它转化成为一种更为积极的力量。

很多人总是抱怨自己身体有病痛，或是与人难相处，再不就是缺少金钱，精神苦闷，也有人抱怨自己的专业不好、学校不好、家庭条件不好、工作差，工资不高，甚至会抱怨自己英雄无用武之地，等等。

其实，他们只看到了生活中不好的一面，如果将自己的看法改变一下，他们就会发现生活是何样美好：专业不好，说明专业比较冷门，找工作会相对集中，无需到处乱跑；学校不好，说明知识学得还不够，在以后的生活工作中还要继续学习；家庭条件不好，正好能给自己一个锻炼的机会，还有工作不好，工资不高的，甚至抱怨自己英雄无用武之地的人，自己可能会在以后的岁月里找到一个更好的工作。

当然，接受现实，并不等于束手接受所有的不幸。只要有任何可以挽救的机会，我们就应该奋斗。但是，**当我们无力挽回已成的定局时，请不要再思前想后，正确面对这个事实并快乐地接受吧，只有如此，才能让自己的人生之路更顺畅一些。**

15

细细盘点你已拥有的幸福

　　幸福到底在哪里呢？其实幸福就是在街头巷尾，乡村农舍，油盐酱醋的生活里，是心与心的相印，情与感的默契，志趣的相投……多少人为了所谓幸福，孜孜不倦地去追求，却看不到身边固有的美丽，人们常常向往着远方的风景，却往往忽视了最美丽的风景就在自己的身边。幸福在很多时候都是以朴素的面目出现在众人的视线里的，只是需要你去细细地盘点它们。

# 只要你肯寻找，幸福无处不在

幸福是一种感觉，是一种心理状态。这种感觉和心理状态随着时间的不同而不同，随着际遇的不同而不同。

比如在大雪飘飘的日子，围炉而坐就是一种幸福。室外北风呼呼地刮着，还有许多人在大雪天里冒着严寒为生活而奔波着。雪中送炭，那一盆炉火就是风雪中人向往的幸福。围炉而坐者，因有风雪途中人做背景，便滋生出了暖暖融融的满足感和随之而来的幸福感。

下班了，久等交通车不至，急等回家的人，翘首以盼，烦恼不已。然而，热恋中的人却能置身事外，他们相依相偎，讲着情话，缠绵不已，忘了周围的一切。车来了，女孩就要坐车回家，男孩就要跟女孩暂时别离。他们是多么希望时间能够停滞，希望公交车来得再晚一点。同样都是坐车回家，心境不同，悲喜两重天。

突然想起了希腊神话中的西西弗斯。触犯天条的西西弗斯被众神罚到人间做苦役。西西弗斯从事的"工作"是把一个巨大的石头从山脚推到山顶，之后让这个石头从山顶滚落下来，然后再把这个石头从山脚推到山顶，之后再让石头从山顶滚落下来。如此周而复始地劳作。若干年后，众神估计西西弗斯已经被折磨得差不多了，于是想看看西西弗斯是否有悔改之意，然而让众神深感意外的是，西西弗斯不仅没有被折磨得不成"神样"，而且精神状态非常饱满。用西西弗斯的话来说就是，他没有把推石头上山看成是一种劳役，没有因此而郁闷烦恼，也没有因石头一次次地从山顶滚落下来而气馁沮丧，而是把一次次推石头看成是劳动的过程。一次次地把石头从山脚成功地推到山顶让他拥有了一种成就感和幸福感。

幸福无处不在。小而言之，幸福是一种观念；大而言之，幸福是一种

世界观。生活的态度不同，思考的角度不同，幸福的感觉就可能完全不同，甚至有天壤之别。

幸福无处不在。对异乡游子来说，幸福就在回家的旅途中，就在村口母亲急切守望的眼神里。对于忙碌一天的上班族来说，幸福就在回到家中时，品尝着爱人精心制作的饭菜。

对于孕妇来说，幸福就是经过艰辛的十月怀胎后，看到自己的宝宝健康地成长。幸福对于企业老总来说，就是经过一番艰难的谈判，签下了一份利润可观的合同。对于下岗工人来说，幸福就是在下岗多年后拥有了一份力所能及的工作。

幸福，有时候真的很简单。有一个女孩每天坐车上下班，有段时间，她对好友说，她每天最幸福的事是看到一个男孩，那个男孩与她坐同一路交通车上下班。她不认识他，也不想知道他的名字，跟他交往。她的幸福缘于对男孩的一种外在的欣赏。幸福有时候还是某个瞬间的感觉，是一种用言语无法表达的精神上的体验。一次上早班，老林的身前身后有几个人快步跑着，大概是因为怕迟到的缘故吧。跑步者中有一个女子，穿着黑色的风衣，身姿非常的矫健，风衣飘飘，像一面旗帜，老林本来没想跑，受到感染后也跑了起来，在超越那女子时以自言自语的口气背诵了两句时下最流行的广告词：我是刘翔，每一个人都是刘翔。女子闻声，边跑边侧脸看着老林，露出一脸灿烂的笑容。老林想，那一瞬间，那个心急上班的女孩肯定有一种被人关注的幸福感。老林则因为自己在跑步上班的途中，超越了好几个人，且用自己的行为赢得了异性的快乐，也在那一瞬间产生了幸福感。是啊，让别人开心，也是让自己开心。

幸福无处不在。幸福实际上存在于我们生活着的角角落落里，幸福实际上存在于我们生活着的每一分每一秒里，它不一定与物质有关，不一定与外在的事物有关，更多的时候却与我们的人生态度有关，与我们是否具有发现或者创造幸福的智慧有关。当你拥有了良好的心态时，当你拥有了发现幸福、创造幸福的大脑时，那么你就会感觉到幸福就在自己的身边！

# 收集你生活中的钻石

幸福就像珍贵的钻石，每个人都渴望拥有它。其实，在我们的生活中处处都有着"幸福的钻石"。当你用心去品味生活中的点点滴滴时，你便会获得许多这样的"幸福钻石"。

记得那次，自己的自行车胎破了，就去一摊位上修理。摊主是一个有些残疾的男子，正在吃饭。旁边放着一个脏分分的婴儿车，里面一个不到一岁的孩子沉沉的睡在推车里，女人则守候在车旁默默地看着男子吃饭。正在吃饭的男人看到我，就对女人笑着说了声："先把车胎给扒了"。他的语气里充满着自信与快乐，女人脸上露着微微的笑意，快步过来，把车子放倒，麻利地将车胎扒开取出，放到旁边的一个有水的盆里，然后找车胎扎破的地方。

真是好一幅夫唱妇随的人间佳画。配合默契的眼神与语调，使我的内心不禁升起一股羡慕的感觉。原来幸福就是这样来的，在不经意间，在点点滴滴的和谐里随意的流露出来。诗曰："妻子好合，如鼓瑟琴，兄弟既翕，和乐且耽。"原来幸福并不一定需要太多的物质条件，在许多时候精神上的幸福远远大于物质上的幸福。

还有一回，我的皮鞋坏了，拿到一个修鞋摊去修。修鞋的是一对哑巴，男的50多岁，女的看上去要年轻一些。男的接过鞋后看了看，便用手比划着"说"价钱。女的见我听不懂便找来纸和笔让男的写给我看。我点点头后，男的便埋头修鞋。正在这时，机子上的线没有了。男的便拿线穿针，穿了一下，却没有穿上。女的见了，忙放下自己手上的活，从男的手上拿起线穿起来，很快就穿好了。男的对她微微一笑，女的也回过头来对他微微一笑。

　　从他们那微微一笑之中，我感受到了一份默契、一份温馨、一份深深的爱。他们虽然无法说"我爱你"这样的话，但他们的爱却是真真切切的，是静美的，是流露在穿针引线这样微小的细节中的。其实，爱不就是由一个个细节组成的吗？如果省略了细节，爱便是一片空白。其实，爱不就是一举手一投足之间的温暖吗？当你用一个敏感的心去仔细体味时，你就会发现爱就是那一点一滴。

　　从这两对夫妻的爱情中，我们可以领悟到爱的真谛。虽然说大波大浪的爱情是迷人的，但落到现实中，她就如风如水穿插和浸润在细节中。只有在细节中才能领略爱的美丽与鲜艳，体会爱的深厚与甜蜜。

　　幸福到底在哪里呢？其实幸福就是在街头巷尾，乡村农舍，油盐酱醋的生活里，是心与心的相印，情与感的默契，志趣的相投……多少人为了所谓幸福，孜孜不倦地去追求，却看不到身边固有的美丽，人们常常向往着远方的风景，却往往忽视了最美丽的风景就在自己的身边。幸福在很多时候都是以朴素的面目出现在众人的视线里的，当我们守候在逐渐老去的父母膝下时，是一种无比的幸福，因为天地无常，总有一天我们会失去他们，会无限追忆此刻的时光；当我们一无所有的时候，我们也能够说：我很幸福，因为我还拥有健康的身体；当我们整天为了工作奔波的时候，我们也能说：我很幸福，因为我还没有老去；当为了孩子日夜操劳的时候，虽说很累，但觉得也是一种幸福，因为孩子在一天天长大，这是一种不能用金钱替代的喜悦，也是一种由衷的欣慰……

# 避免了大的失误就是成功

　　成功是每个人都渴望的，胜利是每个都会去争取的。人类为了获取胜利和成功付出了极为昂贵的代价。纵观历史，往昔的一幕幕是今天的过去，今天又将成为明天的历史，失误往往是要付出代价的，甚至是生命。

　　事实上失误总是与成功相伴，阴差阳错，人们甚至发出"谋事在人，成事在天"的感叹，失误的代价是血淋淋的，有时是白骨成堆，"一将成功万骨枯"，可是因失误而失败牺牲的人又何止千万！

　　1644年李自成的农民起义飞攻陷了北京，建立了大顺政权，由于在对待吴三桂问题上处理失误，致使吴三桂引清飞入关，导致大顺政权灭亡，李自成本人因此兵败身亡，上百万的大顺飞烟消云散。美国射击名将马修·爱蒙思，先后两届在奥运会上因为最后一枪的超常失误，把冠飞拱手送给中国选手，被称为"倒霉蛋"。

　　"人非圣贤，孰能无过"，任何人都有犯错误的时候，要想绝对没有失误、不犯错误是不可能的事情。但是，我们可以减少错误，避免一些大的、战略性的、根本的错误，出现错误以后要敢于承认错误，勇敢地弥补自己造成的过失。

　　有时候，有些错误可以挽回，可以减少损失，有些一旦铸成，根本无法挽回。作为小人物，有也往往有这样的失误，刻骨铭心，却难以挽回。有这样的故事：有一次在会议上，一个最高领导说，让某某多干一点，他是最小，结果就有人立马脱口说出，他不是最小，那个领导，脸红了半天没有说话，这个插话的人也意识到了自己犯了一不应该犯的错误，然而已经无法挽回了。作为插话的人可能认为自己说的是事实，可是领导却会觉得你是有意在为难他、有意在让自己下不了台。那么，这以后的情形可就

真不好说了。要是你遇上一个宽怀大度的领导的话，也许他当时心里不爽而事后也不会与你计较。要是你遇上的是一个心胸狭窄的领导，那你可得吃不了兜着走了。难保那一天他不在其他的事情故意让你难堪，毕竟是你自己曾经丢了领导的面子。无论大事小事，足以说明，失误是我们的失败、敌人的成功。有时人们不理解，有的人没有干出什么成绩，也没有什么错误，却成为很高的领导人，那是因为他没有什么地方可以让敌人攻击的。你做了一些事情，同时也出现了一些失误，就有了口实，人家可以借题发挥。

避免了大的失误就是成功，这一点我们应该努力做到。谁愿意把胜利让给对手呢？那么你就要竭尽所能地减少失误，这是赢得成功的基本原则。

# 为健康投资，明天才会幸福

叔本华告诉我们："在一切幸福中，人的健康胜过其他幸福，我们可以说一个身体健康的乞丐要比疾病缠身的国王幸福得多。"

热爱生活的人一定会关注自己的健康，因为健康是一生的资本。

有一个财主犯了罪，被带到县太爷那里审问。县太爷提出三种接受惩罚的方式让财主选择：第一种是罚50两银子，第二种是抽50皮鞭，第三种是生吃5斤大蒜。财主选择了第三种。

在人们的围观下，财主开始吃大蒜，他心想："吃大蒜倒不是什么难事，这是最轻的惩罚了。"可是越吃越难受，吃完2斤大蒜的时候，他感到自己的五脏六腑都在翻腾，像被烈火炙烤着一样，他流着泪喊道："我不吃大蒜了，我宁愿挨50皮鞭！"

执法的衙役把财主按在一条长板凳上，当着他的面把皮鞭蘸上了盐水和辣椒粉，财主看得胆战心惊。当皮鞭落在财主的背上时，他像杀猪一样嚎叫起来，打到第10下的时候，终于忍受不住痛苦地叫道："别再打我了，罚我50两银子吧。"

在现实生活中，很多人就像这位财主一样为了省钱，而忽视了自己的健康。健康就是你一旦失去它的时候，才惊觉它曾经存在着，才会明白没有健康健康世界就没有意义。这就是健康的力量！

健康的生活首先必须要吃得合理，包含多种新鲜果蔬、复合碳水化合物、易消化的蛋白质、大量清水等。其次，运动也很重要，因为运动能协助身体恢复精力。最好的运动是户外活动，大量新鲜空气和变化多样的风景会给你带来神清气爽的感觉。而保持心理健康能够清除你内心负面的情绪，缓解你紧张的精神压力。

鸭子常用嘴从尾部的小囊中取油脂涂在羽毛上，让羽毛平顺防水。我们也应该花些时间照顾自己的身心。为健康进行投资，这是没有风险只有回报的决策。

（1）知识投资：懂一点医学知识。

养生，重在预防。欲想不得病、少得病或得了病能够得到早期诊断和治疗，需要懂得基本的医学保健知识，需要懂得养生之道。古往今来，懂得养生、重视自我保健的人多长寿。

（2）时间投资：花一点时间锻炼。

在现实生活中，有些人认为，要想成就事业，就必须以付出健康为代价；欲得健康，势必会使事业受损。可他们忽视了这样一个道理：事业与健康是矛盾的统一体，没有健康的身体，谈何事业？在健康与事业发生矛盾的时候，退一步，可以进两步，一步不退，健康与事业往往同归于尽。

（3）毅力投资：给自己找一点苦吃。

健身最重要的因素是经常、适量的运动，最大限度地激活人体各系统、各器官的潜力，促进体质的强化，使身体机能长期处于"最佳状态"。锻是重锤打，炼是烈火烧，有志锻炼者，都要自找苦吃。有调查研究表明，中年人坚持锻炼，能够增寿 10~25 年。

（4）消费投资：花点钱买个健康。

保健知识是最好的保健品，应舍得花钱购买指导养身保健的书籍和报刊；健身器材是最常用的健身工具，要舍得在这方面酌情"投资"；从健身实际出发，调节饮食，重视食物的合理搭配，要为营养而吃，花钱买营养，而不是花钱买"口福"。

健康投资是在人们处于相对健康时，为健康而进行的支出；而在发生疾病时为了改善病症、恢复健康而进行的费用支出则属健康消费。积累健康是一笔无形的投资，受益的不仅是自己和家庭，对社会也是一种贡献。

 # 有人分享快乐、分担痛苦就是幸福

很多科学事实告诉我们，调节自己的心情最好的方法就是找到知心的人倾诉和沟通。而且，在一起交谈的两个人会随着交流的一步步深入而慢慢达到同样的心理状态（喜怒哀乐）和生理状态（体温、心跳等）。因此，我们如果想要达到感情的平衡，就得依靠别人来帮忙了。与人沟通会给你带来无穷无尽的快乐，而封闭自我、与世隔绝只会给自己带来无尽的烦恼与苦闷。正如有一句所说的："有人分离快乐加倍，有人分担痛苦减半。"由此可见，交流沟通对于人类来说是多么重要的一件事情。

相信大家一定还记得关于马加爵的悲剧吧！当他很苦闷无助的时候，却没有倾诉苦闷的渠道，正如他自己所说：他说："我在学校一个朋友也没有，我在学校那么落魄……在各种孤独中间，人最怕精神上的孤独。"无奈之下，他只好把心理话说给最忠实的听众——日记。他在人际交往中遇到了许多挫折，而这些挫折带给他无边的痛苦，再加上别人的冷漠，亦还有世俗的眼光，最后一场悲剧终于难以避免它不幸的结局。其实，马加爵算得上是个聪明人，他的内心独白证明他是一个有自觉的人，他能够看清自己的困境，可惜他将自己锁在封闭的囚笼里，让仇恨把自己带向了毁灭的境地。记得，那一年非典给中国人民带来了巨大的不幸，当时最最恐怖的威胁就是被隔离，可是在平常的日子里我们却往往忽略了心里的孤立，使得我们与快乐绝缘。

如果你想拥有快乐，你需要的是幽默、乐观的想法和沟通。"笑"的感染力是最大的，它是最有效的沟通方式。耶鲁大学的研究发现，"笑"的感染力超过了所有其他感情，人们总会反射式地以微笑来回报你的微笑，而开怀的大笑更能迅速创造一个轻松的气氛，此外，幽默的笑也能促

进相互信任，激发灵感。乐观、正面思考的力量是无穷的。近年来忧郁症已成为全世界来势汹汹的心理疾病，而其和负面思考有极大的关系，有些人总是将事情往悲观无助的方向想，不知不觉中就将自己困在了死胡同中。如果能换个角度，半杯水有一半满的而非一半空的！现在的不如意，代表有无限成长进步的空间。

不管你是想驱逐悲伤还是获取快乐，你都需要从倾诉和沟通中得到正面的激励。最自然的沟通对象可能是你的亲人，特别是你的父母。相信，所有的父母都愿意听孩子的倾诉。也相信，所有的父母都会慢慢地走入孩子的内心世界。

但是，"在家靠父母，出外靠朋友"，所以我们也需要和知心朋友沟通、倾诉。交朋友时不要只看朋友的嗜好和个性，更重要的是，你需要一些会鼓励人的、乐观的、幽默的、诚恳的、有同情心的、愿意听人诉说的朋友。也许你会说："我没有这样的朋友，也不敢去乱找朋友，如果别人拒绝怎么办？"如果别人拒绝你，那么，你并没有因此失去任何东西，但如果别人接受你，那么你可能因此而收获一份美好的心情，也许你还庆幸：终于有人可以听我说点心理话了。此时此刻，也许你会领悟到：**有人分享快乐，分担痛苦是多么幸福的事情！人生能拥有这样的知己，也算是一大幸事！**

# 每天开始一种新的尝试

　　这是一个瞬息万变的世界，一个人如果墨守成规，一成不变，抱持着"以不变应万变"的苟安保守心态，那么势必会遭遇被淘汰的命运。如果一个人不能适应社会急剧的变化，不能接受新鲜事物，不肯为生活进行大胆的尝试，那么也将很难在激烈的竞争中赢得一席之地。

　　动物学家做过这样一个试验：抓一群跳蚤放在置有跳蚤食物的玻璃杯中，再用玻璃盖住。发现每只跳蚤曾不停地奋力往上跳，每一跳都会撞到玻璃盖。一个小时以后，跳蚤依然在跳。因为动物都有学习的本能，撞痛几次以后，跳蚤发现轻一点跳，就不会撞到盖子，跳一半或三分之一的高度就可以。三天以后，动物学家把玻璃盖拿掉，观察跳蚤的行为，发现每只跳蚤都还在往上跳，但是没有一只跳蚤会跳到杯外来，因为它们已"习惯"轻轻跳。

　　这个实验也许会给我们一个深刻的启示，在我们身边也许有很多人就像跳蚤一样，每天都过着一成不变的生活，用习惯去经营自己的事业，所以始终跳不出固定的框框。这种日子过久了，许多人就会感到单调乏味，逐渐使自己的士气消沉，失去一股奋斗的志气。也失去人生的理想、梦想，而成为"三等人"——等下班、等薪水、等退休。他们宁愿忍受确定的苦难，也不愿去改变。他们惧怕改变，他们视改变为敌人。改变是必须的，但也是痛苦的，改变方向很困难。但是，当你拒绝了改变，便是拒绝了成功。当然，如果你接受了改变，你便会向成功迈进了一步。

　　有这样一个故事：在一间旧衣服店里，14 岁的约翰在母亲的陪同下看上了一件外衣。这件衣服相当笔挺，柔软且完好无损。最重要的是标签上

写着令人不敢相信的价格：28 美元！约翰的眼睛立马就放出了光芒。第二天，约翰就将衣服穿在身上去上学。回来时高兴地直咧着嘴笑，他告诉母亲同学们都很喜欢这件上衣。此后几个星期，约翰像换了个人，他开始能够听取不同的意见，平静地跟别人讨论问题。他变得更加懂事，而且大度地把自己的磁带借给弟弟，还会从外面把木柴搬到家里生火暖壁炉。然而，这些事情在以前他是绝对不会去做的。

这个小男孩在不经意间改变了一下自己的形象，结果似乎整个世界都变了个样子。他一下子变得宽容，成熟，理智。也许，你会惊异一件衣服竟然能够带来如此大的改变，其实，改变的又岂止是一个孩子的外在形象呢！改变的是他的内在心情，当他以积极乐观的心情去对待周围的事物时，一切都会变得美好。这是小男孩以前不曾发现的，这亦是新的尝试带给他的惊喜！

实际上尝试一种新生活就像尝试穿一件新衣服那么简单。然而，有时候我们往往被自己的内心所束缚，总害怕去改变自己，总害怕接受生活中一些新的变化。但是，当我们被现实的环境逼着去改变自我时，也许会在不经意间发现：新的尝试也会给自己带来意想不到的收获！

玛丽的丈夫要调到距她的亲友千里之遥的一个城市去，令她沮丧非常。她激烈抗拒，甚至暗自希望丈夫不要带她一起去。后来有一位朋友劝服了她，说太阳虽在一个生活领域落下，却会在另一个生活领域升起。她才决定尽可能体面地接受这个改变。

她参加了绘画班，让她意想不到的是，在绘画班里，她竟然还有绘画方面的天赋。不久之后，绘画班的老师筹备了一次画展。玛丽的作品竟然大受欢迎，从此许多人向她求画，委托她画海景，她很快就成为人们争相罗致的水彩画家了。

她赶忙写信给母亲："我当时是多么幼稚可爱，这次改变给了我一个机会，让我发挥出了自己可能永远都不曾发现提才能。"

玛丽正是在新的尝试发现了自己的才华，并且也就是这次偶然的机会却成就了她。试想，如果她不勇敢地改变自己，固执地守望着自己的一角天空，也许此时此刻她还只是一个平庸的妻子，也许此时此刻她正在盲无目的地挣扎在失败的深渊里呢！一切都是尝试得来的结果，一切都是顺应矛盾、适时而变得来的意外。

很多人常常抱怨生活的单调、呆板，其实，我们完全可以活出自己的丰富多彩。为了让你的生命更加朝气蓬勃，为了让你的人生更加美满幸福，不妨每天都勇敢地尝试一下新的生活，也许你会在不知不觉中喜欢上它！

16

每天用微笑迎接新的太阳升起

　　生活就是每天的太阳赠送给我们的珍贵礼物，虽然这份礼物并不一定都完美漂亮。每个新一天的生活就像万花筒，当你抛开固有不变的姿态，把生活稍加转动，万花筒内就会变换出不同形状的花朵。当你转换一个角度，就会看到一个全新的世界，映照出一个全新的太阳。所以，变换思维，展开笑靥，让我们一道去迎接新鲜而充满无限可能的新太阳吧！

 # 选择属于自己的幸福

有什么样的心态就会有什么样的人生。当一个人拥有积极心态的时候，他便会拥有一个美好的人生；当一个人拥有消极心态的时候，他只能拥有一个失败而痛苦的人生了。由此可见，心态的积极与消极造成了人与人之间的巨大差别：有的人非常幸福，而有的人却终生不幸。

如果你期望得到幸福就应该采取积极的心态，这样幸福就会降临在他们的身边，而那些态度消极的人不仅不会得到幸福，反而会排排斥幸福。幸福是一种难以捉摸的、瞬息万变的东西。当你去追求它时，你就会发现幸福总是在躲着你走。但当你把幸福送给别人时，幸福也会悄悄地来到你的身边。但是，当你把苦难与不幸分给别人时，那么你得到的就只能是苦难与不幸了。有些人总是烦恼，不论发生了什么事情，他们都认为那些事情不能令人称心如意，这是因为他们总是有意无意地把烦恼分给了别人。由此可见，寻找幸福最可靠的办法就是竭尽所能地使他人得到幸福。

有一对年轻夫妇，他们的邻居是一对年老的夫妇，妻子几乎瞎了，并且瘫痪在轮椅中。丈夫本人身体也不很好，他整天呆在屋子里照料自己的妻子。

一年一度的圣诞节快要到了，这对年轻夫妇决定装饰一颗圣诞树送给这两位老人。他们买了一棵小树，将它装饰好，带上一些小礼物，在圣诞前夜把它送过去了。老妇人感激地注视着圣诞树上闪烁的小灯，伤心地哭了。在以后的日子里，当他们拜访这两位老人时，都要提起那颗圣诞树。对于这对年轻的夫妇来说，也许他们只是做了一件小事，然而他们却把最大的幸福送给了别人。

对于我们来说，每个人完全可以有权利选择幸福与不幸福中的任何一

种。心态的积极还是消极决定了你的选择结果。当你以积极的心态来面对生活时，你便拥有了幸福，当你以消极悲观的姿态来处世时，那么等待你的恐怕只有不幸了。

有时候，不利条件并不是获取幸福的阻碍，反而会成为追求幸福、追求成功的动力。海伦·凯勒一生下来便是又聋又哑的盲人，世上所有的不幸似乎全都降临到她的身上，她失去了与人交流的能力，只有她的触觉帮助她把手伸向别人，体验爱与被爱的幸福。然而，一位虔诚而伟大的教师向海伦伸出了友爱之手，使这个可怜的女孩变成了一个幸福、快乐并且成绩卓越的人。她曾经这么写道："任何人出于他善良的心，说一句有益的话，发出一次愉快的笑，或为别人铲平不平的道路；这样的人就会感到他的喜乐是他自身极其亲密的一部分，他会终生追求。"

有很多孤独的灵魂都渴望着爱的温暖，然而他们似乎永远也无法得到它们。有些人用消极的心态排斥他们所寻找的东西，另一些人蜷缩在他们狭小的天地里，绝不敢冲出去。他们总是做着天上会掉馅饼的美梦，即使他们真的拥有美好的东西，也不会将它与人分享。他们并不能理解：**如果你不将自己的东西分给他人，那些东西会在不知不觉中减少甚至消失。**

# 大声为生活唱首欢歌

我们真该为生活而歌唱，纵然我们的生活平淡得没有涟漪，纵然我们的生活有那么多的不如意，我们还是要赞美生活，歌唱生活。既然还打算生活下去，就用我们包容的心讴歌生活吧。

生活就是我们出生后的第一份礼物，但这份礼物并不都是完美漂亮的；生活就像海洋，只有意志坚强的人，才能到达彼岸。

随着自己慢慢长大，生活的真实会渐渐靠近我们。终于，困难、挫折降临了。

我们必须尝试着去战胜它，无论是否成功。没有失败，哪有成功？人生之路还漫长得很，这些小坎坷，只要我们勇于尝试克服它，喜悦与快乐就即将靠近我们。

从此以后，无论是什么样的风雨，我们都得勇敢地去面对。失去了健康的身体，是任何人都无法承受的。我们应该选择哪条路呢？是应该选择热爱生命，拥抱生活，继续快乐地生活下去这条路，还是选择悲哀、忧愁，放弃生命这条路？面对这个难题，我们应该想到张海迪、海伦·凯勒这些残疾人。

他们虽然具有身体的缺陷，但他们依然能够笑对人生，顽强地打倒疾病，而且对生活充满信心与希望，热爱着自己的生命。那我们是不是也应该像他们一样，永远不放弃生存的信念呢？对，既然还有机会去珍惜生命保护生命，为何不去争取呢？为何不坚强一些，掌握命运呢？只要自己珍爱了生命，快乐会伴我们继续走下去。

其实，我们的生活像万花筒，当你抛开固有不变的姿态，把生活稍加转动，万花筒内就会变换出不同形状的花朵。当你转换一个角度，就会看

到一个全新的世界。所以，调节生活，变换思维，才是驾驭生活的好驭手。

当你的生活充满了欢歌笑语的时候，烦恼、忧愁自然就没有了容身之地。扩大生活中的快乐，缩小生活中的烦忧是幸福生活的法宝。有一个故事讲得很有道理：有一个人每天为自己买不到时尚满意的鞋子而怨天尤人，当有一天她看到了一个没有双脚的人后，终于改变了生活的态度。不是吗？稍微变换一下角度，生活的天空将充满明媚的阳光。

凡是热爱生活的人都会细细体味生活的细节。既然幸福是一种感觉，那么这种感觉就包含于平淡的生活之中。柴米油盐茶，吃喝玩住行，其中既有凡人凡事的麻烦、烦恼；也有生活的幸福、乐趣。提炼其精华，浓缩其虚浮，感知其细枝末叶，唱响生命的乐章！常常感动于燕子筑巢的情景，一口一口地衔泥，一点一点地构建，在其舞动的羽翼下，创造了美好家园。从其敏捷矫健的身姿上，可以看出其欢快的心情，可谓劳动并快乐着，燕儿如此，人亦如此。

有时候，我们会觉得生活总是和自己开着玩笑，不开心、不如意的事天天发生。其实，上至国家元首；下至平民百姓都是如此。故而，我们必须学会忘却，忘却众多的烦忧。我们必须学会记忆，记住曾经的开心。

这样，该忘的都忘了，该记的都记了，我们的生活就会充满欢笑。生活就是如此，酸甜苦辣咸五味俱全，只要我们懂得品尝，自己不和自己过不去，我们就会非常轻松地生活。真正的放松之后，你就会感到天很蓝，水很澈，生活是那样的美好。你会情不自禁地想唱歌，歌唱我们美好的生活……

# 养成寻找快乐的习惯

曾经有人说人是为了快乐才来到世间的。那么什么是快乐呢？快乐不是赚来的东西，也不是应得的报酬，快乐只是我们愉悦时候的一种心理状态，快乐是一种习惯，是一种生活态度，快乐是自己找来的。

快乐是一种生活态度。当你用快乐的态度去对待一件麻烦的事情时，从另一个角度去思考时，麻烦的事情也许就会变得不那么重要了；人有压力时，情绪的转换可以使事情有所转机。

人生在世，不如意事十之八九，在这个世界上没有人不经历挫折与失败，关键是看你如何去面对这些考验，是用快乐的心态去迎接它呢，还是用灰色的心态去躲避它呢？

快乐不是别人可以恩赐的，快乐是靠我们自己去寻找的，一个乐观的人无论走到哪里都会是快乐的。林肯说："人只要心里决定要快乐，大多数都能如愿以偿。"快乐纯粹是内发的，它的产生不是由于事物，而是由于个人的观念、思想和态度，它完全取决于人们自己的决定，快乐是一种习惯。一个心情开朗的人可以在工作和生活中找出许多快乐的理由，把不快乐转变成快乐；快乐是可以传递的，一个心情开朗的人可以把快乐传递给很多人，让大家都快乐起来。快乐可以改变事情的结果，可以影响别人的情绪，当你快乐的工作时，你的同事也会受到你的影响也会感到快乐。要学会快乐，要强迫自己去快乐，时间久了，快乐也就成为一种习惯了，所有人都渴望快乐。没有人希望悲伤和沮丧。其实，快乐的人也有感到悲伤的时候，只是他们不让它压倒自己的生活而已。要养成一个快乐的习惯，我们可以试着去：

（1）感激生活

你应该感激每天早上醒来还能感受生活；对生活要有儿童般的好奇

心；仔细品察那些活生生的美好的事物；充分利用好每一天；不要以为什么东西都是理所当然的；不要斤斤计较

（2）体谅他人

在生活中要善于接受他人和尊重他人，无论他们是谁、来自何方；与人相处要有热心和慷慨的精神；当你有能力帮助他人时，你不能试图改变他；尽量让和你接触到的人感到开心。

（3）享受生活

花点时间去欣赏你周围的美景。生活中有更多比工作重要的事情。有空的时候可以去闻闻玫瑰的芳香、与心爱的人一起看日落或日出、去海滨漫步、去森林远足旅行等等。要学会生活在现在并好好珍惜，不要生活在过去或将来。

（4）情感投资

务必让你所爱的人知道你很爱他们，尽管有时候你们之间会发生一些冲突。可以通过花时间陪他们来培育和拓展你与你的家人和朋友的关系。不要打破了你对他们的承诺，要支持他们。

（5）信守诺言

诚实是最好的守则。每一个行动和决策都应当基于诚实。诚实地对待自己和对待自己爱的人吧。

（6）做自己的事

把精力集中于你想要创造的生活上，照顾好你自己和你的家人。不要过分在意别人在说什么或是做什么；不要为流言飞语，无理漫骂所困扰。不要讨论别人是非。每个人都有权利选择自己想走的生活道路——也包括你自己。

（7）无条件的爱

无论是谁，请先接受他们吧。你也没必要限制自己去爱你所爱的人。即使你有时候不一定喜欢你所爱之人的举动，还是继续爱吧，爱是无条件的付出。

（8）照顾好自己

照顾好你的思想，身体和健康。做一些定期医疗检查；饮食要健康还要有适当的锻炼；要获得足够的休息；喝大量的水。通过不断的有趣且兴奋的挑战来锻炼你的心智而使它充满活力。

# 别让情绪害了自己

这是一个由矛盾组成的世界，人与人之间难免会有这样那样的矛盾。当你与别人发生摩擦、误会甚至仇恨时，千万不要因为一时的愤怒而失去理智，要用宽容和忍耐来稀释自己的怒火，那样我们才会多一分成功的把握。否则，我们在通往成功的路上将有无数的阻碍，将永远挣扎在失败的边境线上。

1936年9月7日，世界台球冠军争夺赛在纽约举行。路易斯·福克斯只要再得几分便可稳拿冠军了，然而，就在这时，一只苍蝇落在主球上了，路易斯·福克斯挥手将苍蝇赶走了。可是，当他俯身击球的时候，那只苍蝇又飞回到主球上来了。他再一次起身驱赶苍蝇。这只讨厌的苍蝇开始破坏他的情绪，而且更为糟糕的是，苍蝇好像是有意跟他作对，他一回到球台，它就又飞回到主球上来，引得周围的观众哈哈大笑。

路易斯·福克斯终于失去了理智，愤怒地用球杆去击打苍蝇，球杆碰到了主球，裁判判对手击球，他因此失去了一轮机会。路易斯·福克斯方寸大乱，连连失利，而他的对手约翰·迪瑞则愈战愈勇，终于赶上并超过了他，最后拿走了桂冠。第二天早上人们在河里发现了路易斯·福克斯的尸体，他投河自杀了！

一只小小的苍蝇，竟然可以打败所向无敌的世界冠飞！这听来也许有些荒谬，然而事实确实如此。苍蝇搅得路易斯·福克斯心神不宁，当他愤怒到极点的时候，竟然失去了理智，用球杆去击打苍蝇，这注定了他将不会赢得这场比赛的胜利。首先在心理上他就已经输给了对方，试想没有良好的心理素质，被自己情绪控制的人，能顺利取得最后的胜利吗？更何况这是举世瞩目的世界比赛，面对的都是强大的对手，一点疏忽就会导致失

败的命运。然而，这场悲剧本来是完全可以避免的，当苍蝇落在他的主球上的时候，不理它一门心思击他的球就是了！当主球飞速奔向既定目标的时候，那只苍蝇还站得住吗？它肯定会飞得无影无踪了。

人类是情绪的动物，当不能很好地掌控它时，就很容易导致失败，甚至造成难以挽回的结局，或者给自己留下永远都无法抹去的愧疚。有这样一个故事，讲的就是主人因情绪失控而酿成的悲剧。

有一对年轻人结婚后生了一个小孩，太太因难产而死，只留下丈夫和孩子两个人。

父亲既要到外面去挣钱养家，又要照顾家，由于没有人帮忙照看孩子，他就训练了一只狗替他照看孩子。

有一天，主人出门去了，叫它照顾孩子。那日他遇到了暴风雪，当日不能立马赶回来。第二天才赶回家，把房门打开一看，惊呆了。屋里到处是血，孩子不见了，狗在身边，嘴里都是血。他以为狗的野性发作，把孩子吃掉了，大怒之下，拿起刀来向着狗头一劈，把狗杀死了。

之后，主人忽然听到孩子的声音，又见孩子从床下爬了出来，他赶忙抱起孩子，看了看孩子，虽然身上有血，但并未受伤。

他不知道究竟发生了什么事情，再看看狗的尸体：腿上的肉没有了，旁边有一只狼，口里还咬着狗的肉。狗与狼搏斗，救了小主人，却被主人误杀了。

主人非常后悔自己的一时冲动，在没有搞清事实真相之前就错杀了自己最忠实的伙伴。试想如果主人能够稍稍冷静一下再做行动，也不至于会造成这种局面，更不会给自己的内心留下自责的阴影。

其实，世上很多不幸都是因为情绪的失控造成的。当我们控制好自己的情绪时，遇事先三思后行，也许就可以避免一些不必要的悲伤，也就可以让人生少一些悔恨。

布鲁斯要到远方去闯荡，临走时，他的妻子叮嘱他说："不论什么时候，都要等一等再作决定。"

一天晚上，他到一家旅店住宿。店主人告诉他："不管夜里你听到什么声音，你都不要下楼去看。"

布鲁斯正在睡梦中，他被一种奇怪的声音所吵醒。好像楼下有人在喊叫，他非常想去看个究竟。但他想起了店主和妻子的话，便收起自己的好奇心，接着睡觉。

第二天早上，他要动身离开。店主人对他说："你是第一个活着离开这里的客人。"

布鲁斯大惊："为什么？"

"你听到的那个声音是我那个得癫狂症的儿子，他每天晚上都在院子里喊叫，把人吸引到楼下后杀死。过去所有的人都是听了以后非常好奇，忍不住下楼，丢了性命，只有你能控制住自己。"

多年以后，他成了富翁，回到了自己的家乡。他离得好远就看到了自己的家，院子里妻子正和一个青年男子在一起，她轻轻地抚摸着那个男子的头，看上去十分亲密。

看到这种情形，他不由得感到愤怒。他拿出了自己防身用的匕首，准备去杀死那个青年男子。可他又想起了那句话，还是克制住了自己。

他慢慢地走到门口，妻子看到了她，非常高兴，跑过来一把抱住了他："你终于回来了！"然后，又转过头去对那个男子说："快过来啊，来见见你的爸爸。"

布鲁斯庆幸自己没有因为愤怒而做出傻事，否则一家团圆就成了父子相残了。他此时终于明白了妻子曾经对他说过的那句话："不论什么时候，都要等一等再作决定。"

很明显，布鲁斯是幸运的。他的幸运来源于自己冷静的处事态度，当遇到危险或者在没有搞清楚事实的真相时，他懂得控制好自己的情绪，给自己一个缓冲的时间。这样，他顺利地离开了客店，后来也聪明地避免了骨肉相残的悲剧。

在生活中总有一些事物让你心情不愉快，但是在这个时候你就得学会控制好自己的情绪，让愤怒远离自己，这样才不至于为自己留下太多悔恨。如果你一味地与坏情绪纠缠不清，那么你就会为此付出巨大的代价。

# 把坏事当好事办，生活就只有幸福，没有痛苦

人正是因为有自己的思想和七情六欲，才有了诸多的不愉快。一阵风吹来，树叶会发生摩擦，但风停下来，树叶也就相安无事。然而，在我们的生活中，难免会有一些令人烦恼的"小事"发生，如果对此不闻不问，那么任何小烦恼就会演化成大麻烦；如果能够妥善地处理，那么坏事也可以变成好事。当我们把坏事办成好事，我们的生活里就只有幸福而没有痛苦了！

宇宙牌足球在不经意中成为一场荒唐官司的被告。

一天，在英国迈克斯亚郡的法庭上，一位妇女正在声泪俱下，控告一个破除她婚姻生活的第三者。

"在我二十多岁嫁给他的时候，他就发誓再也不与这个第三者来往了，可如今二十多年过去了，他还在迷恋着那家伙。尤其是最近，不管是白天还是黑夜，他都抱着那第三者疯狂地叫呀、跳呀。不知羞耻地让人去笑。"

法庭上的人都对这位妇女抱以无限同情之心，然而当她说出了"这个第三者就是那臭名昭著、家喻户晓的足球"时，所有的人都捧腹大笑。

在法官告诉她，足球不是人，不能成为被告的时候，这位妇女却说"我不是告足球，而是告一个厂家。""就是宇宙足球厂，这个厂每年生产20万个足球，使得多少像我这样的女人成为受足球这个第三者之害的女人，甚至成为'足球寡妇'。我要求该厂给我赔偿。"

这场荒唐官司很快就传到了英国的每个家庭，成为人们茶余饭后的笑料。

但宇宙足球厂却没有把这事仅仅作为一个笑料，他们决定用足球这次事件，扩大企业影响。不久，各大媒体上又出现一条新的消息，宇宙足球

厂不仅为自己的产品使这位女士独守空房向她道歉，而且付给这位女士10万英镑"孤独费"。

这宗离奇的赔偿很快又被各种大大小小的媒体炒得沸沸扬扬，宇宙足球厂的老板一面略嫌麻烦地接受大群记者的采访，一面乐呵呵地看着自己厂的足球销量节节上升。"不幸"遭遇官司的宇宙足球厂，就这样成功地利用炒作，将这件坏事变成了令企业大大受益的好事了。

这位老板将意外的"人祸"向有利于自己的方向转化，在遭遇"天灾"后，也没有怨天尤人，而是想方设法，变坏事为好事。

还有这样一个故事，讲的也是同样的道理。

林的苹果园位于有名的高原苹果产区，产出的苹果味道纯正，汁浓爽口，销量一直不错。

可是一场特大冰雹袭击了他的果园，一时间，红透枝头的大苹果被冰雹打得遍体鳞伤。本来，这年林还算着又有一大笔收入的，可现在，这些原本漂亮可口的苹果已是斑痕累累，这又怎么能卖得出去呢？看来，他是赔定了。

一筹莫展的林，随手拿起一个苹果咬了一口，却发现这遭遇冰雹侵袭的苹果，有着寻常苹果没有的清香和美味。

突然他想出了一个好主意，于是他立即草拟了一个广告："这批苹果个个带伤，但请看好，这是冰雹打出的伤痕，是真真正正高原苹果的特有标记。它们果紧肉实，具有真正的果糖味道，是一般苹果难以比拟的。当然，如果你不喜欢这种高原特有的味道，我们欢迎退货。"写完这个广告后，林按照订单，将这些惨遭雹打的高原苹果装箱，附上这篇广告，发往各地。当各地买主收到这批"貌不惊人"的苹果后，再按广告所说，半信半疑地咬了一口满是伤痕的苹果后，共同的反应是，大叫："嗯，味道真棒。这真是高原特有的苹果呀。"结果，大家不仅没有退货，还有人专门来电要求购买这独特的"高原苹果"。

一时间，好吃不美的"高原苹果"畅销各地，林不仅没有遭受损失，反而获得比往年更高的利润。正所谓不怕坏事扰，就怕没头脑！

其实，在现实中遇到一些不顺心的事情是很正常的事情，所谓"坏"与"好"只是相对的两个表面，只要我们换个角度考虑问题，运用自己聪明的智慧将坏事转变成好事，那么我们的人生将会更加幸福与美好。

 # 输得起，才能够赢得起

人生就是一场赌局，谁也不可能总是赢家，谁也不可能老是输家。我们只有在人生的道路上经得起风浪的袭击，才能认清真实的自我。如果说立志是播下种子，工作是辛勤地浇灌，那成功就是结下的果实。

但是，请不要过于乐观，也许你还会遇到各种各样的挫折与失败。对此，你会采取什么样的态度来对待呢？

有些人由于不能很好地面对挫折或失败，于是当他们遇到一些经济上的、生活上的或名誉上的挫折、失败时，思想就崩溃了，进而走上了犯罪或轻生的不归路。这些人显而易见是经不起生活考验的。

然而有些人却因为具有宽阔的心境和优良的心理素质，能够勇敢地从困境中站起来。就像一位失败者曾说的："难道有永远的失败吗？不！我宁可一千次跌倒，一千零一次爬起来，也不向失败低一次头。"相信，拥有这种想法的人不会永远与失败相伴。

富兰克林说："有耐心的人才能达到他所希望的目的。"通往成功的大道并不是一帆风顺的，我们总会遇到许多"绊脚石"，但是只要我们能够正确对待，并不气馁，持之以恒，始终朝着目标努力，那么总有一天我们会看到成功的希望。这也是"失败是成功之母"的内涵！汉朝的司马迁继承父业，立志著述史书，不料祸从天降，受李陵之祸的株连，身受宫刑，但他矢志不渝，忍辱负重，发愤著述。经过10余年的艰苦奋斗，终于写成"究天人之际，通古今之变，成一家之言"的鸿篇巨制《史记》。

当然，更震撼人心的是米契尔的故事。

如果你在一次很惨的机车意外事故中被烧得不成人形，又在一次坠机事故后腰部以下全部瘫痪，你会怎么办？你能想象自己会变成百万富翁、

受人爱戴的公共演说家、洋洋得意的新郎官及成功的企业家吗？你能想象自己会去泛舟、玩跳伞、在政坛角逐一席之地吗？这些米契尔全做到了，甚至有过之而无不及。在经历了二次可怕的事故之后，他的脸因植皮而变成一块彩色板，手指没有了，双腿特别细小，无法行动，只能瘫在轮椅上。

那次机车意外事故，把他身上65%以上的皮肤都烧坏了，面目恐怖，手脚变成了不分瓣的肉球，为此他动了16次手术。手术后，他无法拿叉子，无法拨电话，也无法一个人上厕所，但是坚强的米契尔却从来就不屈服于命运的安排。

他很快从痛苦中解脱出来，几经努力、奋斗，变成了一个成功的百万富翁。米契尔为自己在科罗拉多州买了一幢维多利亚式的房子，另外还买了房地产、一架飞机及一家酒吧，后来他和两个朋友合资开了一家公司，专门生产以木材为燃料的炉子，这家公司后来变成佛蒙特州第二大的私人公司。

后来，他不顾别人规劝，非要用肉球似的双手学习驾驶飞机不可。结果，他在助手的陪同下升上了天空后，飞机突然发生故障，摔了下来。当人们找到米契尔时，发现他的脊椎骨粉碎性骨折，他将面临终身瘫痪的现实。家人、朋友悲伤至极，他却说："我无法逃避现实，就必须乐观接受现实，这其中肯定隐藏着好的事情。我身体不能行动，但我的大脑是健全的，我还有可以帮助别人的一张嘴。"

米契尔不屈不挠，日夜努力使自己能达到最高限度的独立。他被选为科罗拉多州孤峰顶镇的镇长，后来，他也曾竞选国会议员，他用一句"不只是有一张小白脸"的口号，将自己难看的脸转化成一项有利的资产。

有一天，他突然爱上了一个来为自己做护理的金发女郎。当他将自己的想法告诉了亲朋好友时，大家都劝他：这是不可能的，万一人家拒绝你多难堪呀！他说："不，你们错了，万一成功了呢？万一她答应了呢？"米契尔决定去抓住哪怕只有万分之一的可能，他勇敢地向那位金发女郎约会、求爱。两年之后，那位金发女郎嫁给了他。米契尔经过不懈的努力，成为美国人心目中的英雄，也成为美国坐在轮椅上的国会议员，拿到了公共行政硕士学位，并持续他的飞行活动、环保运动及公共演说。

米契尔总是以积极的心态、乐观的人生态度去对待生命中的不幸，并且以常人难心想象的毅力战胜各种艰难险阻，最终赢得人生的与事业的成功，还有美满幸福的爱情。

失意是生活乐曲中不可缺少的音符。有了它，生活的乐曲才会抑扬顿挫，才会华美。有人只看到成功，却看不到成功的前面横着一条河。这种人虽然乐观，但常常盲目。有人只看到失败，却听不到一步之外的成功正在呼唤自己。这种人往往具有悲观的心理，然而令人感慨的是，世界上有很多这样的人。

其实，每个人的一生中，都会遇上湍流和险境，如果我们低下头来，看到的只会是险恶与绝望，在眩晕之中失去了生命的斗志，使自己堕入地狱。如果我们能抬起头来，看到的则是一片辽远的天空，那是一个充满了希望并让我们飞翔的天地，我们便有信心用双手去构筑出一个属于自己的天堂。

做你爱做的事情，爱你所做的事情

"做你所爱，爱你所做"，那你这辈子就没有必要再工作了。也许有人会说，天下哪里有这么好的事情，茫茫人海，有几个人能把自己的兴趣爱好与工作相结合起来。大部分人都是为了赚钱养家而工作，并不是出于个人爱好。

那么你想错了，每个人在内心深处除了钱以外，还需要成就感，实际上金钱只是成就的一部分，如果你会为成就感而工作，你就会超出一般人，你就会慢慢地走向成功。

曾宪梓靠卖领带出身，他不一定喜爱领带，但是领带给他带来的利益与成就却是他最喜爱的，因此他一步步地将"金利来"做成世界名牌！不论你是做什么工作的，你应该记住：**你是在为自己的成就而工作。**

记得有这样的情形，让我记忆犹新。

下班了，一个年轻人还在忙碌着。当经理走过来时，年轻人说："真是对不起，现在的事是出在我自己身上的。我现在是想除了与乘客接洽外，再学一点别的东西，而你这里就是一种开始学习的好地方。"

经理说："不过我觉得恐怕你是太寂寞了。像这样的春天的晚上，大多数的年轻人是想出去玩玩的。"但是这位年轻人并不寂寞，他利用别人休息的时间在拼命地工作着，并且为自己积累着工作经验。这就是他如何得到各种工作经验，最后使他升为底特律与克利夫兰航业公司的总经理的原因。

不管这位年轻是为了追求成就感还是由于当时他很喜欢导游工作，他都是因为自己的兴趣才选择这份工作的。如果是以埋怨的态度去做，或是借机想引起同事或上司的注意，博取他们的同情或称赞，那么工作就不会有什么大的成就。大凡成功的人都不希望获得称赞，而是因为自己的爱好而工作的。对待工作的态度往往比工作本身还要重要。其实，不论在哪一家公司，老板都喜欢那些勤奋、敬业的下属。

热爱工作是一种智慧，也是一种态度。许多事业有成的人、职业生涯有发展的人都是对工作非常热爱、非常投入的人。

要想取得成功，就得全身心地投入到你的工作之中去。美国成功人士有94%以上是在从事自己喜爱的工作。有研究表明，如果一个人对工作的积极性高，就能发挥出全部才能的80%～90%；如果一个人对工作没有兴趣，就只能发挥出20%～30%的才能。试想一下，一个连自己的工作都不热爱的人能够做出一番成绩来吗？

非洲的某个土著部落迎来了从美国出发的旅游观光团。部落中有一位老人，正悠闲地坐在一棵大树下面，编织着草帽。编完的草帽，他会放在身前一字排开，供游客们挑选购买。10元一顶的草帽，造型别致，而且颜色搭配得非常巧妙。那种神态真的让人感觉他不是在工作，而是在享受一种美妙的心情。

一位精明的商人心想："这样精美的草帽如果运到美国去，至少能够获得10倍的利润吧。"

商人对老人说："假如我在你这里订出10000顶草帽的话，你每顶草帽给我优惠多少钱呀？"他原以为老人会非常高兴，可没想到老人却皱着眉头说："这样的话啊，那就要20元一顶了。""为什么？"商人冲着老人大叫。老人讲出了他的道理："在这棵大树下没有负担地编织草帽，对我来说是种享受。可如果要我编10000顶一模一样的草帽。我就不得不夜以继日地工作，疲惫劳累成了精神负担。难道你不该多付我些钱吗？"

当工作成为一种循环往复的单调，确实会令人觉得乏味。只有当工作成为自己的兴趣所在时，工作才会是一种美好的享受。

由此可见，一个人在事业上能否取得成功和自己的兴趣有着极为密切的关系。如果你做的是自己喜欢的事情，那么你的内心就会充满快乐与激情。如果你所做的是自己丝毫没有兴趣的事情，那么你将会永远生活在痛苦之中。

詹姆斯·巴里说过："幸福的秘密不在于做你喜欢的事，而在于喜欢你所借的事情。"渴望成功的人们，请努力去寻找自己喜欢的事情，并且努力去做自己喜欢的事情，那么你的人生将会拥有另一片辉煌的景观。

# 没有人可以剥夺你幸福的权利

幸福是一种权利，每个人都有权利要求与获得幸福，幸福的追求与拥有，没有种族、地位、身份、性别之分，也不是由金钱多少、学历高低、文化程度、生活环境所决定，但当然也会受这些条件因素影响。

幸福是一种心理感受，它所带来的结果感受就是：快乐、满意、舒服。然而，这种感受的拥有与维持，需要很多因素条件。

在生活中，常常有一些人因为自身的缺陷而产生自卑心理。他们在潜意识里认为自身的不完美使得自己早已失去了得到幸福的可能。其实，大自然中的每一个生物都是平等的，他们都有追求生存与幸福的权利。上天赋予了我们的这样的权利，为什么因为一点点外在的影响就轻轻易易地放弃了？君不见，在历史上有多少人为了赢得幸福的权利而抛头颅，洒热血，前赴后继呢？而现在我们竟然如此不珍惜这用鲜血与生命换来的权利，怎对得起他们呢？他们连生命都可以丢弃，而自己竟然只为一点点不完美就放弃这得来不易机会。

有一个农夫整天埋怨自己的命运不好，一辈子都是农夫，被别人看不起。

有一天，他弓着腰在院子里清除青草，因为天气很热，所以他脸上不停地冒汗。

"可恶的青草，假如没有这些青草，我的院子一定很漂亮，为什么要有这些讨厌的青草，来破坏我的院子呢？"农夫这样嘀咕着。

小草回答农夫说："你说我们可恶，也许你从来就没有想到过，我们也是很有用的！我们把根伸进土中，等于是在耕耘泥土，当你把我们拔掉时，泥土就已经是耕过的了。下雨时，我们防止泥土被雨水冲掉；在干涸

的时候，我们能阻止强风刮起沙土；我们是替你守卫院子的卫兵，如果没有我们，你根本就不可能享受赏花的乐趣，因为雨水会冲走你的泥土，狂风会吹走种花的泥土。你在看到花儿盛开时，能不能记起我们青草的好处呢？"

一棵小草是何样的渺小，然而它并没有自卑，它看到自己给别人带来的好处，它也为自己的成就而自豪着。人类是世界上最智慧的生物，难道还不如小草吗？

那些因为自卑而失去幸福的人们，请看看小草吧，它那顽强的生命力，它那乐观向上的精神，它那迎风歌唱的姿态，是何样的动人！一棵不起眼的小草都懂得快乐地活着，我们凭什么为了一点阴影而放下快乐的权利呢！放下自卑，勇敢地去接纳属于自己的幸福吧！

幸福是需要代价的，拥有与得到和维持幸福都需要代价，幸福的感受没有本质差别，幸福也没有特权之分，但是幸福有层次不同，有内容差别，有持续时间长短之分，也有需求差异，无论什么幸福，无论幸福程度如何，没有不需要本钱的幸福，幸福总归需要相应的代价，而且幸福的代价投资经常是不成正比的，偶然因素也很多。

幸福是一种心境，这种心境需要物质条件客观因素维持，也由当下的一些标准流行因素所影响。因此一个人，只要不是好高骛远，能随遇而安，降低自己不切实际的欲望要求，不要过多攀比，不要追求潮流，不要太过注重他人眼光，那么幸福就是你的权利，并不难得到，也更容易保持那种精神感受！

有所得是低级快乐，
有所求是高级快乐

　　高级快乐是一种境界，是一种淡泊，一种宁静，一种超越自我，复归于灵魂本真的自然、美好，而低级快乐，是一种过渡阶段，是通向小康社会的一个里程碑，如果人人都能达到住有所居，劳有多得，学有所成，老有所养的程度，那么我们的高级快乐也会相应的成倍增加。

　　每个人都有自己的追求，只是追求的内容不同而已。理想的追求是一种奉献，一种自我牺牲，而对物质利益的追求则是一种获取。也可以这样说，追求利益与追求理想的不同，也是一种"有我"和"无我"的不同。对理想的追求是忘我的，而且往往还要牺牲自我，而对利益的追求则是为了"我"，而且一直在突出着"我"。从某种意义上来讲，理想在某种程度上是超越功利的。只有当人们不只是盯着自己眼前的物质利益，不再把自己的物质利益摆在一种高高在上的位置，那么才能够谈得上理想信念的问题。

　　"哪怕我的面前是万丈深渊，我也会毫不犹豫的选择跳下去，因为我相信即使在半空中的我也会长出一双翅膀"。多么令人振奋的一句话，我认为一个真正想要成功的人，是必须具备三种性格因素的：勇敢，坚强与自信！而在这三种因素的基础上便会衍生出责任感与乐观的态度。而一个成功的人，除此之外，他还必须具备两样的东西：理想与智慧。如果拥有勇敢，坚强，自信与智慧，却独独缺少的是理想，而这才是致命的。时代的发展与社会的多元化带给今人太多的迷茫与无助，就像迷失在森林里的孩子，有着一双明亮的眼睛却不知道应该朝着哪个方向走去。

　　回望历史，在那个到处弥漫解放与自由思想的年代，仁人志士可以为了一个信念而不惜抛头颅洒热血，怒发冲冠，痛饮匈奴血！何其壮哉！那才是真正的英雄时代，为了理想而无怨无悔的时代！在那个年代，睡狮怒吼，国人皆醒，凌云壮志，浩气长存，生当人杰，死亦鬼雄！活的就是一个精神，一个信念！而这种精神、这种信念就是我们常常挂在嘴边的理想，也就是所谓的高级快乐。

放眼当今社会，物欲横流，金钱至上，追名逐利，视君子如草芥，论英雄于不屑。凡有小道消息，八卦新闻，媒体便不惜笔墨篇幅，大力鼓吹一番！而却很少有好人好事受到大力赞扬，雷锋精神成了名利场上的那个羊头。想来，不禁令人感慨社会风气腐蚀之深刻，民众思想堕落之迅速！在这追逐名利的茫茫人海中，有多少人迷失了自我，失去了曾经的梦想，没有信念的人们如日夜不停飞翔的鸟儿，却不知何去何从，理想的缺失将造成一代人的，甚至几代人的悲哀！

萨特的有句名言是"存在即合理"，既然金钱可以成为这个时代证明自身价值的等价物，再去为革命献身的想法，就是老太太的裹脚布了，落后就意味着被淘汰，倘若你不想被这个社会无情地抛弃，那么就一定要使自己拥有存在的理由和价值。"人生得意须尽欢，莫使金樽空对月。"但愿我们能够快乐地过好生命里的每一天。

尽管在这个物质文明和精神文明齐头并进的时代里，没有钱是寸步难行的，有了钱似乎便拥有了一切。但是，请记住：**理想和金钱永远都不在一个水平线上，理想永远会凌驾于金钱之上**。正如"有所得是低级快乐，有所求是高级快乐"，金钱永远都是属于低级快乐，而理想才是我们追求的最高增界。